「平成26年8月豪雨」─広島の土石流災害─
(上・中段：土砂災害防止広報センター，下段：山田孝撮影)

「平成 26 年 8 月豪雨」―広島の土石流災害―
(上段：山田孝撮影，中段：今村隆正撮影)

火山活動による多量の火山噴出物が山腹・山麓での土砂災害の原因となる
平成 12 年 (2000) 北海道有珠山の噴火．
(4.2 節，写真提供：国土交通省北海道開発局)

小型模型水路を用いた土石流・流木発生機構の説明
(5.4節, 木下篤彦撮影)

地質と土砂災害の実験モデル
プラスチック板にタオルを数枚しき，その上にマサ土をのせたもの（左）と，花崗岩の板に直接マサ土をのせたもの（右）に水をかけたときの様子．
(3.6節, 鹿江宏明撮影)

土石流のエネルギーを実感する現地調査学習
安全に行って戻ってくるためには，事前の下見と手続きが重要である．
(3.6節, 鹿江宏明撮影)

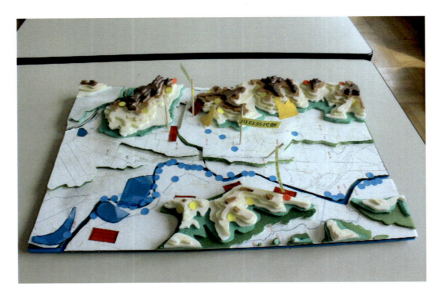

中学 2 年生が作った立体地図
立体地図を作って自分の住む地域を理解する．
（3.4 節，伊藤英之撮影）

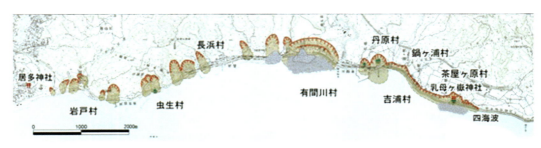

江戸時代の絵図（上段）と同地点を撮影した写真（中段）を見て被害の大きさをイメージする
（第 4 章コラム：歴史資料を防災教育に活かす，絵図：越後国頸城郡高田領往還破損所絵図（上越市公文書センター所蔵），写真：今村隆正撮影）

土砂災害と防災教育

命を守る判断・行動・備え

檜垣大助・緒續英章・井良沢道也
今村隆正・山田　孝・丸谷知己
［編集］

朝倉書店

編　　者

檜垣　大助（ひがき　だいすけ）　弘前大学　農学生命科学部　［まえがき，第 1 章］

緒續　英章（おつづき　ひであき）　NPO 法人　土砂災害防止広報センター　［第 2 章］

井良沢道也（いらさわみちや）　岩手大学　農学部　［第 3 章］

今村　隆正（いまむら　たかまさ）　株式会社　防災地理調査　［第 4 章，あとがき］

山田　孝（やまだ　たかし）　三重大学　大学院生物資源学研究科　［第 5 章］

丸谷　知己（まるたに　ともみ）　北海道大学　大学院農学研究院　［第 6 章］

［　］内は担当章.

まえがき

　2011年の東日本大震災では，甚大な津波被害を被った一方で，継続的な防災教育や防災訓練を実施してきた地域では，命が守られた事例も多数報告されている．2000年の北海道有珠山噴火では，1万6千人もの住民が避難しながら1人の犠牲者も出なかった．その背景には，火山活動とそれがもたらす災害を知り火山と共生する防災教育が長年にわたり進められてきたこともあげられるという．
　地理的にも台風・地震・火山そして近年のゲリラ豪雨による災害の頻発しやすいわが国では，がけ崩れ・地すべり・土石流などによって毎年のように土砂災害が発生している．しかも，これらは家の裏山が崩れるなど身近な場所で起こっている．土砂災害の発生には，気象や地形・地質・地下水などの地盤条件そして災害を受ける側（人間）の状況などの組合せでさまざまな場合がある．土砂災害の発生場所や発生時刻に関しての，精度の高い予測はなかなか難しい問題である．災害に遭わないためには，行政機関等の出すさまざまな防災情報を得ながら，自ら察知・判断して危険からの回避行動を取ることがやはり重要なのである．
　他国に比べれば行政による土砂防災対策は進んできているが，一方で，わが国では少子高齢化や地方における過疎化の進行，さらに子供たちの自然の中で遊ぶ機会の減少など，災害を回避する行動を起こすのに支障となる社会的な課題も浮き彫りになっている．そのような状況のもと，これからの子供たちに「生きる力をつけること」を目的として学校において防災について学んでもらうことは，単に防災知識・意識の醸成だけでなく，土地のことを知り，個人と家族・地域のつながりや異世代間の交流など，子供たちの社会性形成や地域の活性化にも繋がるものと期待される．例えば，地震災害への備えについて中学校で学んだことを生徒が家族に話し，お祖父さんから40年前の地震によるがけ崩れ災害の様子を詳しく聞くことができたとの話を耳にしたことがある．子どもたちが学ぶと同時に，高齢者にも再確認の場となり，互いのコミュニケーションが経験知の共有を進めていくことになる．
　筆者らは，土砂災害を主な対象に，5年ほど前から小・中学校や一般市民の方々へ向けて防災教育を行ってきた．それらの成果を毎年のワークショップで発表し意見交換を行い，議論を積み重ねてきた．そして，2014年8月，広島市での激甚な土砂災害発生を目の当たりにし，これまでの土砂災害防災教育の取組み事例をまとめ災害軽減に役立てようとの気運が高まり，本書刊行の運びとなった．
　冒頭の第1章，2章では，土砂災害の実態や防災対策，学校教育における土砂災害防災の位置付けについて概説した．第3章は，小・中学校での実施事例で，一般になじみの薄い土砂災害をどう理解してもらうか，地域防災の中での学校の重要性などを紹介した．地域の一般市民を対象とした防災教育事例は第4章で取り上げた．グループワークの事例や継続的な活動の効果がうかがえる．土砂災害を視覚的に実感できるよう，模型や映像表現によるさまざまな教材の工夫，専門家と住民のコミュニケーションのあり方などは第5章にまとめた．そして，最終章で，近年注目度が高まっている火山の土砂災害防災教育や防災教育のネットワーク化などについて述べた．また，巻末の執筆者プロフィールには連絡先も明記した．相談があればご遠慮なく連絡していただきたい．
　本書が，防災教育や地域防災力向上への取組みなどに関わる方々の一助となれば幸いである．

2016年　初春

檜垣大助（編者の一人として）

目　　次

第1章　土砂災害の実態と防災教育 ……………………………………… [檜垣大助] … 1
　1.1　近年の土砂災害の実態 …………………………………………………………… 2
　1.2　土砂災害を減らすための対策 …………………………………………………… 5
　1.3　土砂災害防災教育の意義 ………………………………………………………… 7

第2章　防災教育へ向けた行政の取組み ……………………………… [緒續英章] … 9
　2.1　学習指導要領と防災教育 ………………………………………………………… 10
　2.2　土砂災害防止教育支援ガイドライン（案） …………………………………… 13
　2.3　災害対策基本法などの一部改正と地区防災計画 ……………………………… 19

第3章　学校における防災教育 …………………………………………………… 23
　3.1　小学生向け防災学習の実践による効果 ……………………………… [井良沢道也] … 24
　3.2　小学校に向けた危険箇所教育 ………………………………………… [山下祐一] … 29
　3.3　フィールドゼミと模型実験による児童への土砂災害教育事例
　　　　　　　　　　　　　　　　　……………… [山田　孝・井良沢道也・佐藤　創] … 34
　3.4　リスク・コミュニケーションを念頭においた土砂災害教育プログラム
　　　　　　　　　　　　　　　　　……………………………………………… [伊藤英之] … 40
　3.5　地すべりを知って安全に暮らす―山間地の中学校での地すべり学習会
　　　　　　　　　　　　　　　　　……………………………………………… [檜垣大助] … 43
　3.6　中学校での授業実践例 ………………………………………………… [鹿江宏明] … 48

第4章　地域に向けた防災教育 …………………………………………………… 53
　4.1　地域住民に向けた防災教育 …………………………………………… [山下祐一] … 54
　4.2　災害現場や遺構を活用した土砂災害教育 …………………… [吉井厚志・井良沢道也] … 59
　4.3　一般向け防災講演 ……………………………………………………… [今村隆正] … 64
　4.4　コミュニティ防災のための雨量計・水位計の開発
　　　　　　　　　　　　　　　　　……………………… [大井英臣・大町利勝・上田　進] … 70
　4.5　地域住民がつくるハザードマップ …………………………………… [原田照美] … 74
　4.6　災害図上訓練と地域防災啓発 ………………………………………… [瀧本浩一] … 79
　4.7　地域とつくる防災啓発プログラム―岩手・宮城内陸地震を語り継ぐ
　　　　一関市災害遺構― ……………………………………………………… [井良沢道也] … 84

4.8 災害後の「防災マップ」づくり ································[山下祐一]··· 90
4.9 被災後に住民にふりかかる負担と補償 ························[太田英将]··· 95

第5章 教材の開発と活用，コミュニケーション ···························· 101
5.1 身近な材料を使った災害現象の実験 ···························[伊藤英之]··· 102
5.2 火山泥流・火砕流の模型教材の開発 ···················[丸谷知己・山田 孝]··· 104
5.3 地すべり水理模型教材の開発 ························[納谷 宏・山田 孝]··· 109
5.4 多様な流砂現象を説明する実験教材の開発 ·····················[木下篤彦]··· 114
5.5 土石流模型実験装置・防災教育副教材の製作 ···················[緒續英章]··· 117
5.6 土石流シミュレーション ·····································[中谷加奈]··· 123
5.7 ゲームを使用した防災イベントの利点と課題 ···················[北山祐希]··· 127
5.8 防災減災教育における双方向コミュニケーションの実現 ·········[田中隆文]··· 131

第6章 防災教育研究の推進事例 ····························[丸谷知己・山田 孝]··· 137
6.1 火山防災教育の課題 ·· 138
6.2 火山防災教育ネットワークの実施計画 ······································· 138
6.3 防災教育教材の作成 ·· 139
6.4 学校教職員等を対象とした研修プログラム ··································· 140
6.5 実践的な防災教育プログラムの開発・実施 ··································· 140
6.6 サテライトを結ぶネットワーク構築 ··· 141

あとがき ···[今村隆正]··· 145
編者・執筆者プロフィール ··· 146
索　　引 ··· 150

コラム

ヒマラヤの人々の悩み―温暖化と災害 ···························[檜垣大助]····· 8
大規模土石流からの生還 ······································[今村隆正]···· 69
歴史資料を防災教育に活かす ··································[今村隆正]··· 100
国連ESD ···[田中隆文]··· 130
災害伝承―念仏講まんじゅう― ································[緒續英章]··· 136

目的別・早引きガイド（五十音順）

学習会・防災イベント
- 3.1 小学生向け防災学習会の実践による効果　24
- 3.5 地すべりを知って安全に暮らす―山間地の中学校での地すべり学習会　43
- 5.7 ゲームを使用した防災イベントの利点と課題　127

学習指導要領・カリキュラム・プログラム
- 2.1 学習指導要領と防災教育　10
- 2.2 土砂災害防止教育支援ガイドライン（案）　13
- 3.4 リスク・コミュニケーションを念頭においた土砂災害教育プログラム　40
- 4.7 地域とつくる防災啓発プログラム　84
- 6.4 学校教職員等を対象とした研修プログラム　140
- 6.5 実践的な防災教育プログラムの開発・実施　140

火山防災教育
- 4.2 災害現場や遺構を活用した土砂災害教育　59
- 6.1 火山防災教育の課題　138
- 6.2 火山防災教育ネットワークの実施計画　138

教材開発
- 5.2 火山泥流・火砕流の模型教材の開発　104
- 5.3 地すべり水理模型教材の開発　109
- 5.4 多様な流砂現象を説明する実験材料の開発　114
- 5.5 土石流模型実験装置・防災教育副教材の製作　117
- 6.3 防災教育教材の作成　139

講演会の企画
- 4.3 一般向け防災講演　64
- 5.7 ゲームを使用した防災イベントの利点と課題　127
- 編者・執筆者プロフィール　146

高齢者向け防災教育
- 4.1 地域住民に向けた防災教育　54

災害遺構
- 4.2 災害現場や遺構を活用した土砂災害教育　59
- 4.7 地域とつくる防災啓発プログラム　84

実験・シミュレーション・e-ラーニング
- 3.3 フィールドゼミと模型実験による児童への土砂災害教育事例　34
- 4.6 災害図上訓練と地域防災啓発　79
- 5.1 身近な材料を使った災害現象の実験　102
- 5.2 火山泥流・火砕流の模型教材の開発　104
- 5.3 地すべり水理模型教材の開発　109
- 5.4 多様な流砂現象を説明する実験教材の開発　114
- 5.5 土石流模型実験装置・防災教育副教材の製作　117
- 5.6 土石流シミュレーション　123
- 5.7 ゲームを使用した防災イベントの利点と

小・中学校での教え方
- 3.1 小学生向け防災学習会の実践による効果　24
- 3.2 小学校に向けた危険箇所教育　29
- 3.3 フィールドゼミと模型実験による児童への土砂災害教育事例　34
- 3.4 リスク・コミュニケーションを念頭においた土砂災害教育プログラム　40
- 3.5 地すべりを知って安全に暮らす—山間地の中学校での地すべり学習会　43
- 3.6 中学校での授業実践例　48
- 4.1 地域住民に向けた防災教育　54

地域や海外での教育事例
- 4.1 地域住民に向けた防災教育　54
- 4.4 コミュニティ防災のための雨量計・水位計の開発　70
- 4.7 地域とつくる防災啓発プログラム　84

地すべりと防災教育
- 3.5 地すべりを知って安全に暮らす—山間地の中学校での地すべり学習会　43
- 5.3 地すべり水理模型教材の開発　109

土砂災害の実態
- 1.1 近年の土砂災害の実態　2

ハザードマップ・防災マップ
- 4.5 地域住民がつくるハザードマップ　74
- 4.8 災害後の「防災マップ」づくり　90

被災地域の土地や家の問題
- 4.9 被災後に住民にふりかかる負担と補償　95

防災教育の意義と実例
- 1.3 土砂災害防災教育の意義　7
- 2.1 学習指導要領と防災教育　10
- 3.5 地すべりを知って安全に暮らす—山間地の中学校での地すべり学習会　43
- 5.5 土石流模型実験装置・防災教育副教材の製作　117
- 5.8 防災減災教育における双方向コミュニケーションの実現　131
- 6.6 サテライトを結ぶネットワーク構築　141

防災ゲームで学ぶ
- 5.7 ゲームを使用した防災イベントの利点と課題　127

防災教育研修
- 6.4 学校教職員等を対象とした研修プログラム　140

法律・制度
- 1.2 土砂災害を減らすための対策　5
- 2.3 災害対策基本法などの一部改正と地域防災計画　19

課題　127
- 6.6 サテライトを結ぶネットワーク構築　141

第1章　土砂災害の実態と防災教育

　豪雨・地震・火山活動などに起因して，わが国では土砂災害が多発してきた．本章では，その実際を概説するとともに，災害を減らすための対策についても述べる．とくに，ソフト対策の1つである土砂災害への警戒避難対策に焦点をあてて解説し，その中で土砂災害防災教育の意義についても触れる．

1.1 近年の土砂災害の実態

1.1.1 自然災害と土砂災害

日本列島は，太平洋を取り巻く造山帯の上に位置している．このため，国土のおよそ70%は山地・丘陵地であり，ここに世界の活火山のおよそ10%に相当する108の活火山が分布する．また，4つのプレートが集まる世界でも有数の変動帯に位置しており，急峻な山地と構造線や活断層・破砕帯が広く分布し，わが国は脆弱な地質構造からなっている．

このため，梅雨期や台風による豪雨時には土石流・がけ崩れ・地すべりなどの土砂災害が多発している．その他にも，地震発生の際には，地すべりや大規模な崩壊，がけ崩れ等の土砂災害が発生している．また，火山噴火の際には，火山灰が堆積することによって，少量の降雨でも土石流，火山泥流が発生する．

また，このような自然環境に加えて，人口密度の高さや土地利用が山間奥地に及ぶなどの社会的要因によって，わが国では，土砂災害が多発している（図1.1.1）．

全国の土砂災害危険箇所（土石流・がけ崩れ・地すべり）は，国土交通省砂防部によると，約21万箇所（人家5戸以上）にも及び，このうち砂防施設による対策工が整備されている所は約23%に留まっている．このため，土砂災害は，全国の都道府県で身近に発生する自然災害となっている．

1.1.2 人命を奪う土砂災害

図1.1.2は，昭和59年（1984）～平成25年（2013）までの自然災害による死者・行方不明者の数（内閣府 防災白書平成25年度版）と同期間での土砂災害による死者・行方不明者の数（国土交通省砂防部調べ）を比較したものである．わが国における自然災害による死者・行方不明者のうち，平成7年（1995）と平成23年（2011）（阪神淡路大震災と東日本大震災の発生年の死者・行方不明者数計25,304人）を除くと，25.2%を土砂災害が占めている．土砂災害は発生の予測が困難であり，発生した場合，他の災害と比べて人命を奪う確率が高いので，自然災害による犠牲者を減らすためには，土砂災害対策の強力な推進が必要である．

1.1.3 頻発する集中豪雨と土砂災害発生回数

図1.1.3で，昭和59年（1984）～平成25年（2013）の過去30年間における時間雨量50mm以上の豪雨の発生状況をみると，その発生回数が，最初の10年間が平均182回であったのが，最近の10年間では

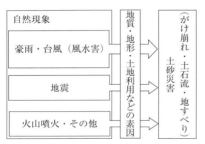

図1.1.1 自然災害の中の土砂災害の位置付け

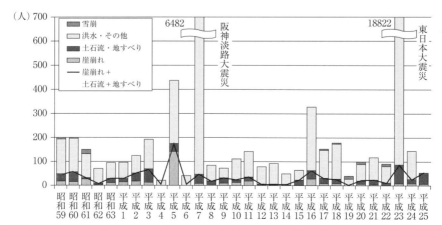

図1.1.2 昭和59年～平成25年までの自然災害による原因別死者・行方不明者数（砂防・地すべり技術センター（2014）をもとに編集）

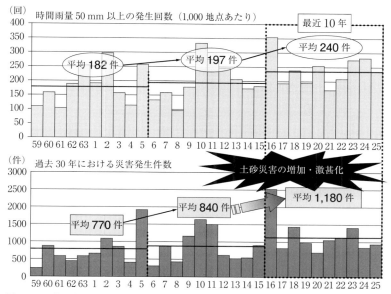

図 1.1.3 集中豪雨の発生頻度とその推移（国土交通省水管理・国土保全局砂防部砂防計画課提供）
1時間降水量の年間発生回数は，全国のアメダスより集計した1000地点あたりの回数とした．

平均240回と増加している．それにつれて土砂災害発生件数も最初の10年間平均で770件から最近10年間で1,180件と増えている．このような事実から，土砂災害に対する警戒は今後さらに必要となる．

1.1.4 日頃からの備えが大切な土砂災害

豪雨や地震による大規模な土砂災害は，全国的に見ると毎年各地で発生しており，同じ地域で続けて発生することもある．しかし，被害が発生した箇所ごとに見ると，同じ場所で，最近，被害が発生した事例は少ない．

例えば，平成16年（2004）～18年（2006）の全国の土砂災害については，人的被害発生箇所のうち，過去100年間に災害がなかった箇所が約90％を占めている．このように，土砂災害は被災の記憶が鮮明なうちに発生するばかりでなく，過去100年間に災害を受けた経験のない場所で発生することが多いのも特徴である．

土砂災害に対しては，危険な場所への意識を高めるなど，日頃から備えが大切である．

1.1.5 地震による土砂災害
(1) 頻発する地震による土砂災害

世界有数の変動帯にあるわが国では，主にプレート境界で発生する海溝型の巨大地震と，日本列島とその周辺各地に分布する活断層に沿って発生する直下型地震によって大規模な土砂災害が発生している．平成23年（2011）3月11日に発生した東北地方太平洋沖地震では，岩手県から茨城県にかけ広範囲に土砂災害が発生した（日本地すべり学会，2013）．中でも，福島県白河市葉ノ木平地区では火山灰の被覆する丘陵で地すべりが発生し13人の尊い命が失われた（図1.1.4）．また，平成16年（2004年）新潟県中越地震は，過去の地すべりでできた地形の集中する山間地でのマグニチュード6.8の直下型地震で

図 1.1.4 平成23年（2011年）東北地方太平洋沖地震で発生した白河市葉ノ木平地すべり（写真：国立研究開発法人土木研究所土砂管理研究グループ地すべりチーム提供）

あったため，多数の崩壊・地すべり・土石流が発生した．同じく山間地に発生した平成 20 年（2008 年）岩手・宮城内陸地震では斜面変動の発生は約 4,000 箇所に上った（Yagi, et al., 2009）．

(2) 斜面崩壊が多発し天然ダムを形成

地震時には大規模な地すべりや崩壊が発生し，土砂が河川に入り込み河道を閉塞して，しばしば天然ダムの形成とそれに伴う二次災害の問題が発生する（中村他，2000）．平成 16 年（2004）に発生した新潟県中越地震および平成 20 年（2008）に発生した岩手・宮城内陸地震では，広範囲にいくつもの天然ダムが形成された（図 1.1.5）．天然ダムが形成されると，地震直後の大規模な斜面崩壊に伴う被害だけでなく，天然ダム形成に伴う上流家屋等への浸水被害や，天然ダム決壊に伴う大規模土石流の発生による下流での二次災害が発生することがある．

1.1.6 火山活動による土砂災害

(1) 噴石，降灰，火砕流，融雪型火山泥流による被害

火山活動による災害は，しばしば広域に及び，また長期化することも多い．平成 5 年（1993）の九州島原半島にある雲仙普賢岳の噴火では，マグマが地表に噴出して溶岩ドームが成長し，それが崩壊することによって火砕流が頻発して，多量の土砂が斜面を流下し多大な被害が生じた（図 1.1.6）．一方，平成 26 年（2014）の噴火で 57 人の死者が出た長野県・岐阜県境にある御嶽山では，地下の高温高圧の水蒸気が地表を突き破って噴出し，多量の噴石が登山者を襲った．このように，火山活動に伴う大量の土砂供給が災害の原因となる．また，火山でも日本海側に位置する山や高山では，積雪期に火山活動が起こると，積雪が急激に融けその水と噴出した土砂が混じって泥流が発生することがある．これは融雪型火山泥流と呼ばれる．北海道の十勝岳では大正 15 年（1926）に，融雪型火山泥流により，144 人の犠牲者が発生し，1985 年の南米コロンビアのネバド・デル・ルイス火山では，約 21,000 人の死者を出した（井田，1998）．

(2) 降雨による噴石・降灰・火砕流による堆積物の侵食による土石流・火山泥流の多発

火山噴火により，山麓や渓流部に噴石や火山灰などが堆積すると，その後の降雨により，土石流や火山泥流が発生する．雲仙普賢岳では平成 5 年（1993）6 月に梅雨の影響で 100 万 m³ 規模の土石流が 3 回発生した．その結果，堆積した土砂が降雨によってたびたび土石流を起こし，長崎県島原市内で民家や土地を埋没させた（図 1.1.7）．平成 12 年（2000）の北海道有珠山および東京都三宅島の噴火では，噴石・火山灰が多量に山腹に堆積し（口絵参照），その後の降雨によって泥流被害がたびたび発生した．

図 1.1.5 平成 16 年（2004 年）新潟県中越地震で発生した地すべり・斜面崩壊と天然ダム（写真：丸井英明提供）

図 1.1.6 平成 5 年長崎県雲仙普賢岳で発生した火砕流（写真：島原市提供）

図 1.1.7 平成 5 年長崎県雲仙普賢岳の火砕流堆積物や降下火山灰から土石流が発生（写真：島原市提供）

1.2 土砂災害を減らすための対策

1.2.1 施設による土砂災害対策の状況

わが国では，古くから土砂災害を減らすための対策が実施されてきた．奈良時代（700年頃）から樹木の伐採行為を制限する法律が定められた．また，人口増加の著しかった江戸時代には，乱伐ではげ山化した集落背後の山から土砂が多量に流出し，洪水・土砂災害を発生させるのを抑えるため，一部の藩では砂留と呼ばれる石を積んだ砂防堰堤などの工事が実施されるようになった（図1.2.1）．

明治以降は，近代的な砂防技術が発展し，各地で砂防工事が実施され，土砂災害に対する効果が多くの地域で発揮されてきた．例えば，豪雨時に多量の土砂が下流に流下するのをコントロールし災害を防ぐ砂防堰堤，多量の水・土砂が渓流周辺の土地を削ったり土砂で埋没させるのを防いで河道を安定化させる流路工（渓流保全工），斜面での崖崩れや地すべりを防止するための擁壁や地下水排除工などの工事がなされてきた．図1.2.2は，平成26年（2014）8月広島豪雨災害時に砂防堰堤が土石流を捕捉した事例である．

しかしながら，砂防堰堤などの土砂災害対策の施設整備には，長い時間と莫大な経費が必要となり，財政状況からこれらの施設による対策には限界があり，警戒避難などの対策が重要となる．

図1.2.1 江戸時代に福山藩で渓流からの土砂流出抑制のために施工された砂留

図1.2.2 砂防堰堤が土石流を捕捉した事例（広島県広島市安佐南区）（出典：国土交通省）
（左の写真で，黒破線範囲は被害が防止された人家など，白実線範囲は堰堤上流側流域を示す）

1.2.2 土砂災害に対する警戒避難対策の状況と住民避難行動の実態

近年，土砂災害に対する認識が高まってきている．その理由としては，平成17年度から気象台と都道府県により共同で土砂災害警戒情報の発表が開始され，テレビなどでも台風や局地的豪雨など大雨が予想される場合，気象情報にあわせ土砂災害への注意が呼びかけられていることや，近年，激甚な土砂災害が頻発していることなどがあげられる．

一方，国土交通省では，平成12年（2000）5月に「土砂災害警戒区域等における土砂災害防止対策の推進に関する法律」（以下，土砂災害防止法と呼ぶ）を公布し，土砂災害のおそれのある区域について，危険の周知，警戒避難態勢の整備，住宅などの新規立地の抑制，などを推進してきた（図1.2.3）．

これらは，砂防堰堤などの対策施設によらない「ソフト」対策であり，土砂災害に関する情報に基づき，住民が日ごろから裏山や渓流に注意を払い，避難地・避難路を知ることなども必要になってくる．

しかし，平成25年（2013）10月の台風による伊豆大島での土砂災害，翌26年（2014）8月の集中降雨による広島市での土砂災害など，直前まで予知が難しい局地的な著しい強雨などの頻発によって激甚な災害が多発している．それらでは，土砂災害防止法に基づく土砂災害警戒区域に指定されていない，あるいは危険箇所の情報が公表されていないなどの課題が浮き彫りになった．また，狭い国土に多数の人口を抱えるわが国では，過去の開発で危険な場所に立地している住宅がかなりある．

そこで，国土交通省では平成26年（2014）11月に土砂災害防止法の改正を行い，急傾斜地の崩壊，土石流，地すべりの危険箇所について都道府県が公表を義務付ける，避難勧告や避難指示の発表についてその責任を負う市町村に対し国が助言する，などの措置がとれるようにした．

ソフト対策における警戒・避難の有効性として，平成17年（2005）の台風14号の豪雨により宮崎県日之影町神影上地区で11戸の人家を土石流が襲ったが，住民の事前避難によって人的被害が生じなかった事例（砂防・地すべり技術センター，2006）があげられる．また，平成24年（2012）3月の融雪により新潟県上越市国川で生じた地すべりでは，地元から斜面変状発生が通報された翌日には，土砂災害防止法に基づく緊急調査が新潟県ほかによって行われた．そして，調査結果に基づき，上越市から同地区

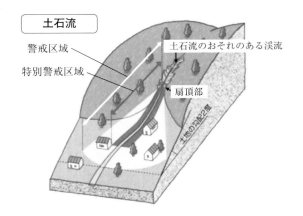

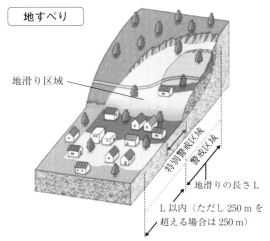

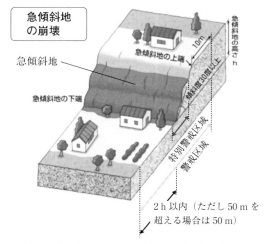

図1.2.3 土砂災害防止法における土石流・地すべり・急傾斜地崩壊の危険のある区域での警戒区域・特別警戒区域の設定イメージ（出典：国土交通省）

に避難勧告が出され21世帯80人が避難し，その翌日には応急対策工が実施された（砂防・地すべり技術センター，2013）．

しかし，災害発生前の自主避難例は多くはない．平成18年（2006）7月の豪雨および台風13号によって人的・家屋被害の発生した206箇所を対象に避難勧告などの発令状況を調査した結果では，土砂災害発生前に自主避難した例が5％（10箇所）のみであった（国土交通省砂防部，2009）．

また，平成18年（2006）7月豪雨に伴う土砂災害によって人的被害の発生した10地区の住民を対象にアンケート調査を行った結果，近年土砂災害を経験した地区の住民のおよそ80％が災害発生前に避難した一方，それを経験していない地区では住民のおよそ10％しか災害前に避難していなかった（国土交通省砂防部，2009）．このように，近年土砂災害に対する認識は高まっているものの早めの避難などについては課題も多い．

1.3　土砂災害防災教育の意義

1.3.1　避難に対する住民意識—なぜ避難は遅れるか

土砂災害による被害の防止，軽減のため，砂防堰堤の整備などのハード対策とともに危険箇所の周知や区域指定，警戒避難体制の整備などのソフト対策も推進されてきたが，いまだに多くの人命が失われている．これについては，自分たちが住んでいる地域は土砂災害に対して安全であると過信していること（安全神話）や，過去に近隣で起きた土砂災害の記憶や教訓を地域の中で引き継いでいくこと（防災文化）がなされていないことなどの原因が考えられる．

土砂災害の防止のためのソフト対策として，地域住民が自分の身の周りに潜む危険を知りその状況変化を感じ取って豪雨時などに適切な判断・行動をとることが必要である．そのためには，住民，特に小・中学校などにおける土砂災害防止教育を充実し，子供の頃から土砂災害に関する知識をもっておくことが重要である．

一般に，住民自らの避難が遅れる理由としては：
・土砂災害についての知識不足
・知識があっても現象実態と結びつかない
・マスメディア情報などに対する切迫感の欠如（他人事ととらえる）
・行政への過度の依存（直接的呼びかけがないと行動に出にくい）
・身体状況や要援護者などの家族状況
・豪雨等の災害に結びつく現象への慣れ（避難タイミングを失う）
・正常化の偏見（私だけは大丈夫）
・災害経験が活かされない（前回も大丈夫なので，今回も大丈夫）
・防災文化の風化（過去の土砂災害の経験が継承されていない）

など，基本的に土砂災害に対する認識が低いことがおもな理由としてあげられる（柳原他，2003）．

また，人が避難するのは，実現象を見て危ないと判断したときや，行政や近所等からの直接的呼びかけがあった時である．豪雨の中では，恐怖感を感じるなどの直接的な動機付けが少ないことも避難しない理由として考えられる．

1.3.2　土砂災害への的確な対応には子供の頃からの土砂災害防止教育が有効

早めの避難などを心がけてもらうためには，子供の頃から土砂災害の現象・特徴と危険な場所などを知り，それらの知識を応用できる判断力（考える力）を身につけることが重要である．そして，危険なときに自らの的確な判断で避難を意思決定できる能力（行動する力）を養う学習機会を増やしていく必要がある．小・中学校を通じた子供達への土砂災害防止教育の取組みは，家庭内における会話などを通じて，保護者や地域の大人に対しての啓発が期待できる．

このように，次世代を担う子供達への土砂災害防止教育は，大人を含めた地域全体の警戒避難などへの意識を高め，地域防災力の向上に繋がることが期待される．

［檜垣大助］

参考文献
井田喜明（1998）：火山災害（岩波講座地球惑星科学14），88-114，岩波書店．
国土交通省水管理・国土保全局砂防部ホームページ
　http://www.mlit.go.jp/river/sabo/link20.htm
国土交通省砂防部（2009）：土砂災害防止教育支援ガイドライン（案）http://www.sabopc.or.jp/library/images/guidebook.pdf

砂防・地すべり技術センター (2006): 土砂災害の実態 2005 (平成17年), 56p.
砂防・地すべり技術センター (2013): 土砂災害の実態 2012 (平成24年), 63p.
砂防・地すべり技術センター (2014): 土砂災害の実態 2013 (平成25年), 62p.
中村浩之・土屋 智・井上公夫・石川芳治編 (2000): 地震砂防, 古今書院, 190p.
日本地すべり学会河川砂防技術開発研究チーム (2013): 東日本大震災における斜面変動発生の特徴とその類型化, 日本地すべり学会誌, 50 (2), 25-30.
八木浩司・山崎孝成・渥美賢拓 (2007): 2004年新潟県中越地震にともなう地すべり・崩壊発生場の地形・地質的特徴のGIS解析と土質特性の検討, 日本地すべり学会誌, 43 (5), 44-56.
Yagi, H., Sato, G., Higaki, D., Yamamoto, M. and T. Yamasaki (2009): Distribution and characteristics of landslides induced by the Iwate-Miyagi Nairiku Earthquake in 2008 in Tohoku District, Northeast Japan. Landslides, 6, 335-344.
柳原幸希・國友 優・寺田秀樹他 (2003): がけ崩れ災害での住民避難行動モデルの作成, 平成15年度砂防学会研究発表会概要集, 180-181.

コラム：ヒマラヤの人々の悩み―温暖化と災害

　地図でネパール・ブータンなどヒマラヤ山脈にある国の位置を見ると，日本の沖縄と同じくらいの緯度にあることに気づく．海抜3000m位までは温暖で，モンスーンによる雨の恵みを受けるので，これらの国では山で農業が営まれている．比高1000mを超える斜面に広がる段々畑・棚田と点在する人家は，訪れる者を圧倒する．しかし，近年の人口増加で無理な土地利用がされたり，地球温暖化で高い所の氷河が融けたり，さらに大地震発生と，ヒマラヤ地域では土砂災害が多発し，さらに危険が高まっている．

　地震とともに直前予知が難しいのが氷河湖決壊洪水などの，氷雪に覆われる高いヒマラヤから襲ってくる災害である．温暖化による氷河の融解によって融けた場所に湖ができ，それが突然決壊して，下流へ土砂混じりの洪水や土石流となって襲ってくるのが氷河湖決壊洪水である．決壊の原因は，湖に巨大な岩や氷の塊が落ちて波が発生し，堰き止めているモレーン（土砂からなる丘）を乗り越える際に崩したり，モレーンが地すべりを起こしたりして発生する．天候による発生予測は難しいし，新たにできた湖の決壊なので多くのケースで住民に過去の経験がないことも対応の難しい点となっている．

　ハザードマップの作成や湖の監視・警報伝達も大事だが，住民にどんな現象が決壊後どのくらい後に来るのかを知ってもらい，安全な場所に避難する訓練を行っておくのが重要である．それにしても，自分たちに何ら原因のない温暖化の被害を受けるのは厳しい生活を送っている山の住民なのである．先進国の援助は当然といえよう．

［檜垣大助］

ヒマラヤの氷河（ネパール）

決壊危険性の高い氷河湖（ネパール）

第2章　防災教育へ向けた行政の取組み

　本章は，「防災教育へ向けた行政の取組み」と題し，第1章「土砂災害の実態と防災教育」を受けて，小・中学校などにおいて子供たちへ防災教育を実施していくうえで，準拠すべき学習指導要領や教科書などの解説を行っている．さらに，これら理科や社会の教科書などを通じて，普段から土砂災害防止教育を児童や生徒に実施していくための内容や手法などが示された「土砂災害防止教育支援ガイドライン（案）」について解説を行っている．また，防災教育は児童や生徒だけではなく，地域や地区の住民などの持続的な取組みとしていくことが重要である．このために，行政の災害対策全体を体系化した「災害対策基本法」の概要とそこで住民の責務として規定されている災害教訓の伝承や防災機関における防災教育の実施，防災居住者自らが災害発生時の行動などを計画した「地区防災計画」など，地域防災力向上に向けた取組みの紹介を行っている．

2.1 学習指導要領と防災教育

2.1.1 学習指導要領

全国のどの地域で教育を受けても，一定の水準の教育を受けられるようにするため，文部科学省では，学校教育法などに基づき，各学校で教育課程（カリキュラム）を編成する際の基準を定めている．これを「学習指導要領」という．

学習指導要領では，小，中，高等学校などの学校ごとに，それぞれの教科の目標や大まかな教育内容を定めている．また，これとは別に，学校教育法施行規則において，例えば小・中学校の教科の「年間の標準授業時数」などが定められている．各学校では，この「学習指導要領」や「年間の標準授業時数」などをふまえ，地域や学校の実態に応じて教育課程（カリキュラム）を編成し，授業を行っている．

2.1.2 平成20年改訂学習指導要領

昭和22年（1947）に制定された教育基本法は，平成18年（2006）に60年ぶりに改正された．改正では，近年の科学技術の進歩，情報化，国際化，少子高齢化など，わが国の教育をとりまく環境の大きな変化とさまざまな課題に対応するため，これまでの教育基本法の普遍的理念はそのままに，国民一人一人が豊かな人生を実現し，わが国がいっそうの発展を遂げ，国際社会の平和と発展に貢献できるよう，今日求められる教育の目的や理念，教育の実施に関する基本が定められた．

この改正を受けて，平成20年（2008）小・中学校の学習指導要領の改訂が行われた．この学習指導要領の改訂は，昭和22年（1947）に「教科課程，教科内容およびその取扱い」の基準として，初めて学習指導要領が編集，刊行されて以来，昭和26年（1951），33年（1958），43年（1968），52年（1977），平成元年（1989），10年（1998）の改訂などに続く7回目の全面改訂であった．

平成20年（2008）改訂の学習指導要領は，子どもたちの現状をふまえ，確かな学力，豊かな人間性，健やかな体といった知・徳・体のバランスのとれた力である「生きる力」をはぐくむという理念のもと，知識や技能の習得とともに，思考力・判断力・表現力などの育成を重視し，言語活動，理数教育，伝統

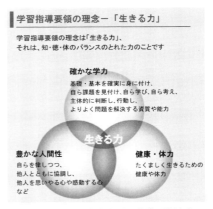

図2.1.1 平成20年改訂学習指導要領生きる力（文部科学省保護者用リーフレットより抜粋）

や文化に関する教育，道徳教育，体験活動，小学校段階における外国語活動などの充実を図ったものとなっている．

さらに，防災教育に関しては，社会や理科の教科などにおいても自然災害やその防止に関連する内容の充実が図られ，教科間の横断的な取組みも可能となった．

また，「生きる力」をはぐくむためには，学校だけではなく，家庭や地域など社会全体で子どもたちの教育に取り組むことが大切である．今まで以上に家族や地域において絆を深めつつ，学校・家庭・地域が相互に協力・協同して取り組むことが不可欠であるとしている．

2.1.3 教科書と学習指導要領

教科書とは，小，中，高等学校などの学校およびこれらに準ずる学校において，教育課程の構成に応じて組織化された教科の主たる教材として，授業用に使用される児童または生徒用図書である．

この教科書は，学習指導要領に示された教科などの目標や大まかな内容に従って作成されるが，教科書には，民間の教科書発行者において著作・編集されて文部科学省の検定を経た教科書（文部科学省検定済教科書）と，文部科学省が著作の名義を有する教科書（文部科学省著作教科書）がある．現在，学校で使用されている教科書は，そのほとんどが文部科学省検定済教科書であり，全教科書の80パーセント以上を占めている（文部科学省，2015）．

また，教育の機会均等を実質的に保障し，全国的

な教育水準の維持向上を図るため，各学校では，この教科書を使用することが義務付けられている．教科書を中心に，教員の創意工夫により，適切な教材を活用しながら授業が行われている．

学習指導要領の改訂とは別に，文部科学省検定済教科書は，通常4年ごとに改訂の機会があり，内容の更新が行われる．

平成21〜25年度は，平成20年改訂学習指導要領への移行に伴い，検定・採択周期が変則的になっている．これは，新しい教育課程が小学校は平成23年度から，中学校は平成24年度から実施されることに対応した措置のためである（表2.1.1）．

平成20年改訂学習指導要領に従って平成23年度から全小学校で初めて採用された教科書も，平成27年度からは，また新しく改訂された教科書が使用されている．

なお，平成27年（2015）3月には，小・中学校などにおける「道徳」を「個別の教科である道徳」と新たに位置付ける学習指導要領の一部改正が公示され，小学校については平成30年（2018）4月から，中学校については平成31年（2019）4月から施行される予定である．

2.1.4 防災教育の展開

学校における防災教育は，「学校安全」の中の「生活安全」「交通安全」「災害安全」の3つの領域の中で「災害安全（防災と同義）」として位置付けられており，「学校安全」は「安全教育」「安全管理」「組織活動」の3つの主要な活動から構成されている（図2.1.2）．

このように，学校安全は防災を含め，児童・生徒等が自他の生命尊重を基盤として，自ら安全に行動し，他の人や社会の安全に貢献できる資質や能力を育成するとともに，児童・生徒等の安全を確保するための環境を整えることをねらいとしている。

このような位置付けのもと各学校において実践されている防災教育は，年数回の避難訓練時の全体指導であったり，その前後の学級活動などで行われることが多い．

平成20年改定学習指導要領では，総則において，安全に関する指導においては，身の回りの生活の安全，交通安全，防災に関する指導を重視し，安全に関する情報を正しく判断し，安全のための行動に結び付けるようにすることが重要であるとしている．また，学校では児童生徒の発達の段階を考慮して，学校の教育活動全体を通じて適切に行われるように，関連する教科，道徳，総合的な学習の時間，特別活動などにおける教育内容の有機的な関連を図りながら行う必要があるとしている．

しかし，防災教育では，これまで教科などのように発達の段階に応じた目標や内容が体系化されて具体的に示されていなかった．

このため，改定された学校防災のための参考資料「「生きる力」を育む防災教育の展開」（平成25年（2013）3月）では，防災教育の教科などの相互の関連付けや総合的な学習の時間との枠を超えた学習など，実践のための指導計画などが具体的に例示されている．

この「「生きる力」を育む防災教育の展開」では，幼稚園から高等学校などまでの発達の段階に応じた

表2.1.1 小・中学校の教科書の検定・採択の実績

学校種別分	年度	21 (2009)	22 (2010)	23 (2011)	24 (2012)	25 (2013)	26 (2014)	27 (2015)
小学校	検定	◎				◎		
	採択		△				△	
	使用開始	○		○				○
中学校	検定		◎				◎	
	採択	△		△				△
	使用開始		○		○			

（注1）◎：検定年度
△：前年度の検定で合格した教科書の初めての採択が行われる年度
○：使用開始年度（小・中学校は原則として4年ごと）
（注2）太線以降は，平成20年改訂学習指導要領に基づく教育課程の実施に伴う教科書についてである．

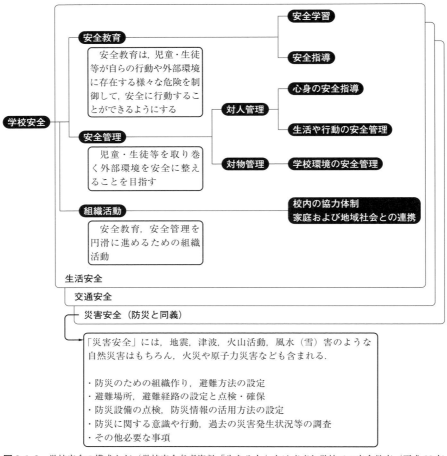

図 2.1.2 学校安全の構成など（学校安全参考資料「生きる力」をはぐくむ学校での安全教育（平成 22 年 3 月）より編集）

防災教育によって，次の目標を達成することをねらいとしている．
・自然災害等の現状，原因及び減災などについて理解を深め，現在及び将来に直面する災害に対して，的確な思考・判断に基づく適切な意志決定や行動選択ができる．（知識，思考・判断）
・地震，台風の発生等に伴う危険を理解・予測し，自らの安全を確保するための行動ができるようにするとともに，日常的な備えができる．（危険予測，主体的な行動）
・自他の生命を尊重し，安全で安心な社会づくりの重要性を認識して，学校，家庭および地域社会の安全活動に進んで参加・協力し，貢献できる．（社会貢献，支援者の基盤）

2.2 土砂災害防止教育支援ガイドライン（案）

国土交通省水管理・国土保全局砂防部では，頻発する土砂災害から命を守るために，土砂災害防止のための砂防堰堤の整備などのハード対策とともに警戒避難体制の整備などのソフト対策も推進してきている．しかし，土砂災害に対する理解が十分でないために，結果として多くの人命が失われている．これは，自分たちが住んでいる地域の土砂災害に対する安全を軽視していることや，過去に近隣で起きた土砂災害の教訓などが地域で伝承されにくくなっていることが考えられる．

国土交通省や都道府県の砂防部局においては，これまでも防災教育の一環として，従来から現地見学会や出前講座などを実施してきていた．しかし，防災教育の推進には砂防部局を中心とした取組みだけでは限界があり，土砂災害から命を守る防災教育を推進するためには，教育関係機関などとの連携が重要であるとの認識に至った．

そこで，地域住民が豪雨時に適切な判断・行動をとるための防災意識の向上とあわせて，小・中学校などにおける土砂災害防止教育の充実を目指し，「土砂災害防止教育支援ガイドライン（案）」（平成21年3月）」が作成された．これは，子どもの頃から土砂災害に関する知識を涵養し，土砂災害から命を守る防災教育の充実・拡大・継続を図るため，平成20年（2008）改定学習指導要領（現行学習指導要領）を視野に入れ，平成19年度から検討を進め，学識経験者などよりなる「小・中学校における土砂災害防止教育に関する懇談会」における議論を経て，作成された．

以下に，その主な内容を紹介する．

2.2.1 土砂災害防止教育の目標

土砂災害防止教育は，「生きる力」をはぐくむことを目的とし，下記の3つの点を目標としている．

・土砂災害の現象・種類やメカニズム，対策などを知り理解すること
・自発的・能動的に情報を収集し危険を察知するなど，自ら考え，主体的に判断することができるようになること
・自分の身は自分で守ろうとする態度や，地域の一員として協力しようとする態度などを身に付け，具体的な行動に結び付けること

2.2.2 小・中学校における各学年の教科と土砂災害防止教育との関連

「土砂災害防止教育支援ガイドライン（案）」では，平成20年（2008）改訂学習指導要領に基づいた各学年（小学校低・中・高学年，中学校）の教科などと土砂災害防止教育との関連を理解したうえで，土砂災害防止教育に取り組むことが望ましいとし，下記関係を充分に考慮して実施していくものとしている．

(1) おもな教科などの土砂災害防止教育に関わる内容

おもな教科などと土砂災害防止教育に関わる内容の関係は以下のように整理される．

・社会（社会，地理歴史，公民）：災害が発生する地形の特徴や地域の災害史，土砂災害の種類，地域の安全や渓流の環境を保全する砂防事業の必要性や効果，災害発生時の各関係機関の働きなど
・理科：流水による土砂の侵食や堆積，土地の成り立ち，土砂災害発生のメカニズム，森林資源の働きと防災効果の限界，火山と地震，豪雨などの気象，自然の恵みと災害，地球温暖化と集中豪雨や極端な豪雨の多発など
・生活：身近な通学路周辺の自然と危険な場所や避難所など
・道徳：自然環境に対する敬意や共生，高齢者と一緒に避難するなどの共助など
・総合的な学習の時間・特別活動：自分たちが住んでいる近くの土砂災害危険箇所やその対策工事，避難場所・避難経路を入れたハザードマップの作成など

(2) 発達段階（学年）ごとにふまえたい土砂災害防止教育の内容

発達段階（学年）ごとに土砂災害防止教育として以下の内容をふまえることが望ましい．

・小学校低学年（1・2年）では，通学路などに土砂災害の危険箇所があること，先生や大人の指示に従って一緒に避難することなど
・小学校中学年（3・4年）では，土砂災害の種類，身近な土砂災害の危険箇所，その対策工事，豪雨

時には危険箇所に近付かないこと，近所の人とも協力して避難することなど
・小学校高学年（5・6年）では，土砂災害が発生しやすい国土であること，地震・火山噴火でも土砂災害が発生すること，森林の土砂災害防止機能にも限界があること，梅雨や台風で土砂災害が発生しやすいこと，災害が発生する地形の特徴や土砂災害の発生メカニズムの概要，その対策工事，災害発生時の地方公共団体の働きなど
・中学校（1～3年）では，世界と比べた国土の特徴，地球温暖化による気象への影響と土砂災害との関係，身近な地域の土砂災害危険マップを自ら作成すること，地震による土砂災害（天然ダムを含む），火山噴火とその土砂災害，自然の恵みと災害などの他，地域の共助を担う一員としての自覚・道徳心など

なお，その他教科（国語，算数・数学，図画工作・美術，音楽，体育・保健体育）や外国語などでは，土砂災害や災害対策などを題材として取りあげることが可能である．

土砂災害防止教育で教えたい内容は表2.2.1に示されている．これらをおもな教科（社会，理科，生活），道徳，総合的な学習の時間，特別活動ごと発達段階ごとに，土砂災害防止教育で教えたい内容について平成20年（2008）改訂学習指導要領と対比したものの一部を抜粋して表2.2.2に示す．

(3) その他（地域特性を生かす）

日本の国土では，豪雨，火山，地震などのさまざまな要因による土砂災害が発生しており，また災害が発生する要因は地域の地形や地質により変化し，さらに，豪雨の発生なども地域による特徴を有している．

小・中学校の土砂災害防止教育では，このような地域の特徴を生かし，土地の成り立ち，地域の伝統や文化，先人の土砂災害防止への取組みもふまえて，学校周辺の渓流の豊かな自然の中で生命の尊さを感

表2.2.1 土砂災害防止教育で教えたい内容（土砂災害防止教育支援ガイドライン（案））

土砂災害防止教育の目標		教えたい主な内容
【知識や技能分野】土砂災害の現象・種類やメカニズム，対策等を知り理解すること（土砂災害防止に関する知識と技能を習得する）．	日本の自然・社会特性，土砂災害の種類と特徴，土砂災害の危険性，土砂災害が多発し多くの犠牲者が発生していることなどを知る．	・特色ある地形，国土の地形（国土の70％が山地，河道勾配が急峻，プレートの境界等） ・自然の脅威（地形の変化，梅雨・台風による豪雨，活断層と地震の多発，108の火山と噴火，高潮・津波等） ・土砂災害の種類と特徴（突発的，大きな破壊力，予測困難等） ・災害が発生する地形と特徴，メカニズム（脆弱な地質，雨の強さ・量と流水の働き，土地のつくりと変化，降雨，火山，地震等）
	地域の歴史や災害史を学び，地域の安全や渓流の環境を守っている砂防事業の役割と効果など，先人の努力や対策方法などを知る．	・災害の歴史，土地の成り立ち，先人の努力，伝統・文化（砂防施設の文化財的価値等） ・砂防施設の目的，機能（生命・財産の保全，役割と効果等） ・国土・環境の保全と自然との共生（自然の恵みと災害，森林資源の働きと防災効果の限界，災害防止のための対策等） ・中山間地域の保全の重要性
	危険な場所を知り，自らの考えで早めの避難を行うなどの安全を確保する対応方法などを知る．	・身近な土砂災害危険箇所，土砂災害警戒区域，ハザードマップ等 ・気象観測，地球温暖化，土砂災害警戒情報，前兆現象等 ・防災・被災時における関係機関の連携・協力
【思考力や判断力分野】自発的・能動的に情報を収集し危険を察知するなど，自ら考え，主体的に判断し，自らの安全を確保するための行動ができるようになること（自らの安全な行動がとれる思考力や判断力を育成する）．		・情報収集と避難の重要性 ・避難情報（避難準備情報，避難勧告，避難指示，避難経路，避難場所，避難単位等） ・日頃からの備え
【意欲や態度分野】自分の身は自分で守ろうとする態度や，地域の一員として協力しようとする態度等を身につけ，具体的な行動に結びつけること（生命や自然の尊重，自助・共助・公助のための意欲や態度を育成する）．		・災害の脅威，悲惨さ ・土地の成り立ち，伝統・文化，先人の思いと伝承（防災文化） ・崇高な生命や自然への畏敬の念と尊重，要支援者やボランティアとのかかわり ・郷土や国を愛する日本人としての自覚と国際的視野での貢献

表 2.2.2 土砂災害に係わる平成 20 年改訂学習指導要領の内容（主な教科・各学年ごと）と土砂災害防止教育で教えたい内容（土砂災害防止教育支援ガイドライン（案）小学校部分の抜粋・編集）

土砂災害防止カリキュラム（主教科・学年別，主教育内容）

種別	目標	小学校 1年 2年	3年	4年	5年	6年
社会	社会生活についての理解を図り，我が国の国土と歴史に対する理解と愛情を育て，国際社会に生きる平和で民主的な国家・社会の形成者として必要な公民的資質の基礎を養う． →渓流が作った扇状地などに形成された郷土，そこでの昔からの生活，文化伝統，風土などを，土地の成り立ちや先人の防災への努力等を含めて考えさせる．郷土の伝統・文化を大切にし，郷土を愛する心を育み，さらに我が国の国土や地域の環境保全，防災や歴史に対する理解と愛情を育てる．地震や火山活動によって生じる災害などは，環太平洋にとっても共通の関心事であり，国際社会における我が国の役割と自分の役割を具体的に考えさせ，公民的資質の基礎を養う．		ア 身近な地域や市（区，町，村）の特色ある地形，土地利用の様子，主な公共施設などの場所と働き，交通の様子，古くから残る建造物など ○地域の特色ある山，川などの中には，土石流，地すべり，がけ崩れなど，土砂災害を起こしやすい地形もあること ○災害を防止するため，古くから砂防施設等が建設されていること イ 必要な飲料水確保などこれらの対策や事業は計画的，協力的に進められていること ○飲料水等は，森林の保全（林野），土砂流入防止（砂防），貯水池建設（ダム）などの連携で確保されていること ア 関係機関は地域の人々と協力して，災害や事故の防止に努めていること ○国や県の働きや市町村の協力で，土石流，がけ崩れ，地すべり，火山噴火などの災害を未然に防ぐ努力をしていること ○砂防施設等の建設や危険箇所指定，危険箇所の地図配布，避難路・避難場所の指定や避難訓練などをしていること ○自分も地域社会の一員として，自分の身は自分で守ること，が大切であること		イ 国土の地形や気候の概要，自然条件から見て特色ある地域の人々の生活 →わが国は国土の 70％が山地で，大きな平野は少なく，急峻な地形のため，河川は急勾配であること ○日本列島はプレートの境目に位置し，断層や火山が多く，地質的に脆弱であること ○我が国の気候は四季の変化が顕著であること ○国土の北と南，日本海側と太平洋側では気候が異なること ○近年は地球温暖化による気候変動（豪雨の増大，台風の強大化など）が見られること ○山，川，海などの地形条件や気候条件，さらには自然災害を含めた自然環境に適応した生活や工夫が行われ，産業が培われてきたこと エ 国土の保全などのための森林資源の働き及び自然災害の防止 ○森林は国土保全に大きな役割を果たすが，その自然災害の防止機能には限界があること ○国土保全や水資源涵養などの森林資源の働き，森林資源の育成や保護のために，たくさんの人々が工夫や努力を重ねていること（林野や砂防など） ○我が国の国土は地震や津波，風水害，土砂災害，雪害などの様々な自然災害が起こりやすい条件を備えていること（地震や津波，火山活動，台風と長雨による水害や土砂災害，雪害などの事例を紹介） ○被害防止のために国や地方公共団体が，砂防や治水など様々な対策や事業を進めていること（国や県などが進めてきた砂防堰堤や堤防などの整備，ハザードマップの作成など，対策や事業を紹介）	ア 国民生活には地方公共団体や国の政治の働きが反映していること ○風水害，地震や津波，土砂災害，火山噴火などの災害に対し，国や地方公共団体の救援活動や災害復旧が行われていること（災害事例，復旧作業事例，災害後の人々の暮らしなどを紹介） イ 情報化した社会の様子と国民生活とのかかわり ○土砂災害防止のため，警報ネットワークシステム等を有効活用し，公共サービスの向上に努めていること ○土石流センサーによる警報システムや土砂災害警戒情報などにより，渓流等の危険情報をいち早く危険区域の住民等へ知らせていること ○渓流や火山等の監視映像をリアルタイムで見ることが可能な公共サービスを行っていること
生活（1・2年）	具体的な活動や体験を通して，自分や身近な人々，社会及び自然とのかかわりに関心をもち，自分自身や自分の生活について考えさせるとともに，その過程において生活上必要な習慣や技能を身に付けさせ，自立への基礎を養う． →通学路周辺の渓流や渓畔，公園などにおける自然体験学習などを通して，自然や社会とのかかわりに関心を持たせる．地域社会での自分自身や自分の生活に気付かせ，その体験学習の過程の中で生活上必要な習慣や技能を身に付けさせ，自立への基礎を養う．	【生活（1）】 学校の施設の様子及び先生や学校生活を支えている人々や友達のことが分かり，楽しく安心して遊びや生活ができるようにするとともに，通学路の様子やその安全を守っている人々などに関心をもち，安全な登下校ができるようにする →普段や雨の時の通学路の危険な場所やその様子，そこの安全を守っている人々や施設に関心を持たせる． 【生活（3）】 自分たちの生活は地域で生活したり働いたりしている人々や様々な場所とかかわっていることが分かり，それらに親しみや愛着をもち，人々と適切に接することや安全に生活することができるようにする →家庭から学校周辺までの危険な箇所や危険を予測して行動できるようにする（今日は雨が降っていて滑りやすいから，池のそばには行かないようにしようなど） 【生活（5）】 身近な自然を観察したり，季節や地域の行事にかかわる活動を行ったりなどかかわっていることや，季節によって生活の様子が変わることに気付き，自分たちの生活を工夫したり楽しくしたりできるようにする →身近な渓流や渓畔，土手などの自然に繰り返し触れさせたり，地域の特色にかかわる活動に参加させることによって，地域の自然の特徴や性質をとらえ，季節の変化と生活の様子の変化に気付かせる		天気の様子 天気による 1日の気温の変化（小 5 から移行） 水の自然蒸発と結露 →雨が降れば身近な渓流や学校周辺の水路の水位は上昇し，それによって時に災害の危険が生じることがあること ○雨がやめば校庭などに溜まった水は蒸発して水蒸気となり，流水も海などで水蒸気になるなど，天気変化と水循環の関係を教える	天気の変化 霧と天気の変化 天気の変化の予想 →長雨や集中豪雨，台風豪雨などは，土砂災害や水害を引き起こすことが多く，天気の変化の仕方に注意する必要があること ○気象情報などによって，大雨や長雨が予想される時は，自然災害に備えた行動が大切なこと 流水の働き 流れる水の働き（侵食，運搬，堆積） 河の上流・下流と川原の石 雨の振り方と増水 →流水の侵食・運搬・循環作用は，さまざまな土砂災害や水害を引き起こすことがあること ○流水の侵食・運搬・循環作用は，川の上下流で違いがあり，川原の石の大きさや形などにあらわれていること ○雨量によって川の流速や流量は変化し，土地の様子も変化すること	土地のつくりと変化 土地の構成物と地層の広がり 地層のでき方と化石 火山の噴火や地震による土地の変化 ○土地は，礫，砂，泥，火山灰及び岩石からできており，層をつくって広がっているものがあること ○地層は，流れる水の働きや火山の噴火によってでき，その年代の生物の化石が含まれているものがあること ○土地は，火山の噴火や地震によって変化し，時には自然災害となって人々を脅かすこと 生物と環境 生物と水，空気とのかかわり 食べ物による生物の関係 ○水は山・川・海から蒸発して水蒸気になり，空気中の水蒸気は，結露して再び雨となるなど，水循環は生物や環境とかかわっていること
理科	自然に親しみ，見通しをもって観察，実験などを行い，問題解決の能力と自然を愛する心情を育てるとともに，自然の事物・現象についての実感を伴った理解を図り，科学的な見方や考え方を養う． →身近な渓流の観察等の自然体験などから，自然への親しみ，生命を愛する心情等を育み，生命と水環境等から科学的な探究能力の基礎と態度を育て，自然の恵みと災害，自然環境の保全等から自然の事物・現象についての理解を深め，科学的な見方や考え方を養う．					

注）文頭の記号・番号は，学習指導要領に準拠している．

じる体験や集団宿泊活動，奉仕体験活動等の機会を通じて，環境保全，防災および伝統や文化等もあわせて教えることが重要である．

このような土砂災害防止教育は，豊かな心をもち，伝統と文化を尊重し，郷土とわが国を愛し，個性豊かな文化の創造を図り，公共の精神を尊び，民主的な社会および国家の発展に努め，他国を尊重し，国際社会の平和と発展や環境の保全に貢献し，未来を拓く主体性のある日本人の育成に寄与するものである．

このような観点に加え，小・中学校や地域の教育関係者とともに，児童や生徒の発達段階に応じて，より身近な地域や郷土を学習資源としながら，自然の恵みと脅威，先人の知恵と願いを教え，防災への意識向上を図っていく取組みを実施していくことが強く求められている．

2.2.3　小・中学校などへの支援の手法
(1) 教育関係者との連携手法
小・中学校などと連携して防災教育を根強く展開して行く方法として下記があげられている．
①地域の教育関係者への土砂災害防止教育の実施の依頼

都道府県教育委員会，市町村教育委員会および小・中学校などの地域の教育関係者に対し，毎年砂防部局から小・中学校における土砂災害防止教育の必要性を説明し，理解してもらうことが大切である．

都道府県および市町村の教育委員会あるいは小・中学校では，毎年12月～1月にかけて翌年4月以降のカリキュラムが検討され，2月末には内容が決定される．そのため，土砂災害防止教育を小・中学校で実施してもらうためには，遅くとも前年9月～10月頃には教育委員会および小・中学校へ出向き，土砂災害防止教育の必要性を説明し，実施について内容協議が必要である．その際，地域特性などを十分に考慮し，その地域における土砂災害防止教育の適切な位置付けを意識して実施する．
②小・中学校の教員を対象とした講習会の開催

市町村の教育委員会を通じて小・中学校の教員へ講習会への参加を呼びかける．地域の小・中学校における土砂災害防止教育の必要性を理解してもらい，土砂災害防止教育手法の知識を深めてもらうことが肝要である．

③土砂災害防止教育に関する教材・学習の場・人材などの情報提供

地域の土砂災害防止教育に関する教材・学習の場・人材の情報のリストなど，教育関係者の必要な情報を提供する．
④大学関係者との連携

大学と連携して，教育学部などのカリキュラムの中に土砂災害防止教育に関わる科目を含めることや，土砂災害防止教育の講座を設けるなど，平成21年度から実施されている教員免許更新講習の活用も検討する．

(2) 土砂災害防止教育の支援手法
①現地見学会の開催

土砂災害について知ってもらうために，土砂災害の発生箇所や砂防工事の現地見学会を実施する．現地見学会に際しては，砂防部局の職員とともに，砂防ボランティアや地元の住民など，防災に関心の高い方にも協力してもらうことを検討する．

現地見学会においては，砂防フィールド・ミュージアムなどを活用し，学年別土砂災害防止教育カリキュラムを参考に，見学会ルートや教材を検討する（図2.2.1）．現場への移動手段などにおいても砂防部局による支援を検討することが望ましい．
②出前講座の実施

出前講座を実施する場合には，土砂災害防止教育

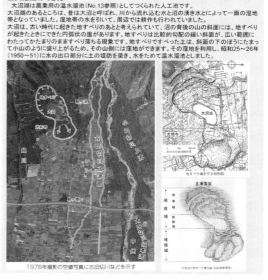

図2.2.1　「駒ヶ根砂防フィールド・ミュージアム」ガイド用地域資源解説書（抜粋）

カリキュラム（教科や学年別の教育内容）を参考に，対象とする学年が発達段階で教わる教科の内容や時期などを考慮し，小・中学校における教員のニーズも確認したうえで，効果的な資料を作成して実施する．

③土砂災害防止教育の専門家の育成

現地体験学習や砂防フィールド・ミュージアムの講師として，砂防部局職員自らが取り組み，啓発能力を向上させるとともに，砂防ボランティアなどに協力を要請し，土砂災害防止教育の専門家の育成を図ることが大切である．

④土砂災害防止教育の場の充実

土砂災害防止月間の絵画や作文コンクールなど，土砂災害について「学ぶ場」や「発表する場」の充実を図り，土砂災害防止教育に関する情報を共有する場の拡充を図る．また，土砂災害について学ぶ大学生を対象とした「キャンプ砂防」の機会も積極的に利用して，土砂災害防止教育の場の充実を図る．

⑤土砂災害防止教育を実践する際の留意点

小・中学生には，砂防部局の担当者が普段用いる専門用語は通じない．可能な限り平易な言葉で丁寧に解説する必要がある．また，小・中学生に対して一度にすべてを説明せずに，児童や生徒の自らの「気付き」や「考え」を促すことを心がけ，間合いをとって話すことが大切である．

(3) 子供の発達段階に応じた副教材作成と提供方法

①副読本

副読本は，小学校1, 2年生，小学校3, 4年生，小学校5, 6年生，中学生を意識するなど，発達段階や普段の授業で教わる内容と連携を充分図って作成することが重要である．

②映像関係

映像は，実際に発生した現象や土砂災害の他，アニメーションなども交えて，疑似体験的に土砂災害の恐しさを学ぶことが可能である．流水による土砂の侵食・運搬・堆積状況の映像や，平時と洪水時の映像対比など教育関係者が普段入手できないような映像を，積極的に提供することが肝要である．

なお，児童・生徒，また活用する教員にとっても，映像が長すぎると授業などで活用がしにくい．導入から展開，まとめまでの一連性を有したものであれば主題別に5分以内，伝えたいコンテンツのみであれば1分以内など，短くコンパクトにまとめる

などの，活用しやすい工夫が必要である．

③模型など体験装置

模型など体験装置には，降雨体験装置や土石流・がけ崩れ・地すべり実験装置などがある．現象を身近に学ぶことが可能なため，積極的にこれらを活用し学習できる機会を提供する．この他，小・中学校の児童や生徒に，よりわかりやすく現象や災害，身近な地域の対策が説明ができる簡易な模型などの検討も必要である．

④その他の副教材

地震や火山に関する防災教育では，いろいろなアイディアの副教材が用いられている．地域に合った副教材を作成していくことが大切である．

2.2.4 今後の土砂災害防止教育をより確かなものとするために

今後の土砂災害防止教育をより確かなものとするためには，下記のような項目についても推進していくことが重要である．

(1) 土砂災害の実績や蓋然性に応じた土砂災害防止教育の取組み

土砂災害防止教育は，地域ごとの土砂災害の実績や危険箇所の分布など，地域の特徴をふまえて，その取組内容を検討するものとしている．とくに，近年土砂災害の実績はないものの，その蓋然性の高い地域では，その地域が土砂災害に対して脆弱であることを理解し，土砂災害に対して備えてもらうことが大切である．

(2) 土砂災害防止教育支援のために砂防部局で整備・拡充・推進すべき事項

土砂災害から命を守るための防災教育として，砂防部局では以下の項目についても支援していくことが重要である．

①地域の土砂災害特性をふまえた土砂災害防止教育資料などの作成

地域で土砂災害防止教育を実施していくためには，身近な地域で過去に発生した土砂災害が教育関係者および児童・生徒にとって最も理解されやすい．土砂災害防止教育資料は，全国的，一般的な観点もさることながら，地域の土砂災害特性を生かして地域ごとに作成することが効果的である．

これら児童や生徒用の資料のほか，教育関係者などに向けた指導計画や防災教育の実践事例，講演会

や出前授業を行える講師の情報など，土砂災害防止教育に関心をもった先生が活用しやすい手引き資料も作成する．これらの作成にあたっては教育委員会や小・中学校などの教育関係者の意見を反映させることが重要である．

② 土砂災害防止教育の支援教材などの充実や開発
・土砂災害防止教育データベースの構築と情報提供の仕組みづくり

　土砂災害防止教育に関わる情報（土砂災害防止教育事例，副教材（副読本，映像，模型実験装置など），土砂災害事例（災害時写真，映像，新聞報道など），対策事例（対策前後写真など））などをデータベース化し，教育関係者などがいつでも必要なときに入手できる仕組みを検討する．

・学習指導要領に基づいた副読本や教員用参考資料の充実

　学習指導要領に基づき発達段階に沿った防災教育の副読本や教員用参考資料などの充実を図る．副読本などの作成については地域特性を反映させる．

③ 現地体験学習の整備拡充
・小・中学生のための学習ゾーンの創出

　砂防資料館や砂防フィールド・ミュージアムなどの充実と整備を推進するとともに，発達段階に応じたメニューや体験学習の拡充による小・中学生のための学習ゾーンの創出を検討する．

・避難疑似体験などの充実

　避難行動要支援者の体験などを含む，避難の疑似体験学習の手法の確立・充実を図る．

④ 土砂災害防止月間に合わせた取組み

　国土交通省では毎年6月を「土砂災害防止月間」としており，土砂災害防止のために全国統一防災訓練や全国の集いなどの取組みを実施している．この土砂災害防止月間にあわせて，防災教育にかかる各県の取組みを発表してもらう場の創設など，いろいろな推進策を検討する．

(3) 土砂災害防止教育の評価について

　土砂災害防止教育を行った後，その効果を把握し，今後の副教材，時間，指導内容などの見直しに反映させることが重要である．その評価方法としては児童・生徒による評価，教員などによる評価，講師による自己評価があり，内容によって適切に定めていくこととなる．実施内容の評価については，年度などで課題と方針を総括し，次の土砂災害防止教育に反映して向上継続させることが大切である．

(4) 災害被害を軽減する国民運動の推進に向けて

　土砂災害防止教育を受けた子どもから大人への波及により，土砂災害防止や自然災害防止に関する理解度の向上を図り，地域防災力の向上に寄与する．さらに，「災害被害を軽減する国民運動」における土砂災害部門としての一翼を担うような取組みとしていくことが重要である．

　以上のように，土砂災害防止教育は，普段は恵み豊かな自然や郷土の中で暮らす次世代を担う子どもたちに対し，ときに脅威をふるう自然への防災の知恵や心構えを身に付けてもらうため，発達段階に応じた継続的な取組みとして，自然災害全体も視野に置きつつ実施していくことが大切である．

2.3 災害対策基本法などの一部改正と地区防災計画

2.3.1 災害対策基本法制定の背景および趣旨

災害対策基本法は，昭和34年（1959）の伊勢湾台風を契機として昭和36年（1961）に制定された，わが国の災害対策関係法律の一般法である．

この法律の制定以前は，災害の都度，関連法律が制定され，他法律との整合性について十分考慮されないままに作用していたため，防災行政は十分な効果をあげることができなかった．

災害対策基本法は，このような防災体制の不備を改め，災害対策全体を体系化し，総合的かつ計画的な防災行政の整備および推進を図ることを目的として制定されたものであり，阪神・淡路大震災後の平成7年（1995）には，その教訓をふまえ，2度にわたり災害対策の強化を図るための改正が行われている．平成23年（2011）東日本大震災以降も，これまで2度の改正が実施された．

この法律は，国土ならびに国民の生命，身体および財産を災害から保護し，もって社会の秩序の維持と公共の福祉の確保に資するべく，防災に関してさまざまな規定を設けている．

2.3.2 法の概要

(1) 防災に関する責務の明確化

国，都道府県，市町村，指定公共機関および指定地方公共機関には，おのおの防災に関する計画を作成し，それを実施するとともに，相互に協力するなどの責務があり，住民などについても，自発的な災害への備えや防災活動参加などの責務が規定されている．

(2) 総合的防災行政の整備―防災に関する組織―

防災活動の組織化，計画化を図るための総合調整機関として，国，都道府県，市町村それぞれに中央防災会議，都道府県防災会議，市町村防災会議を設置することとされている．災害発生またはそのおそれがある場合には，総合的かつ有効に災害応急対策などを実施するため，都道府県または市町村に災害対策本部を設置することとされている．

非常災害発生の際には，国においても，非常（緊急）災害対策本部を設置し，的確かつ迅速な災害応急対策の実施のための総合調整などを行う．

(3) 計画的防災行政の整備―防災計画―

中央防災会議は，防災基本計画を作成し，防災に関する総合的かつ長期的な計画を定めるとともに，指定公共機関などが作成する防災業務計画および都道府県防災会議などが作成する地域防災計画において重点をおくべき事項などを明らかにしている．

(4) 災害対策の推進

災害対策を災害予防，災害応急対策および災害復旧という段階に分け，それぞれの段階ごとに，各実施責任主体の果たすべき役割や権限を規定している．具体的には，防災訓練の義務，市町村長の避難の指示や警戒区域設定権，応急公用負担，災害時における交通の規制などについての規定が設けられている．

(5) 激甚災害に対処する財政援助

防災訓練などの災害予防および災害応急対策に関する費用の負担などについては，原則として，実施責任者が負担するものとしながらも，とくに激甚な災害については，地方公共団体に対する国の特別の財政援助，被災者に対する助成などを行うこととしている．

これを受け，激甚災害に対処するための特別の財政援助等に関する法律（昭和37年（1962）法律第150号）が制定された．

(6) 災害緊急事態に対する措置

国の経済および社会の秩序の維持に重大な影響を及ぼす異常かつ激甚な災害が発生した場合には，内閣総理大臣は災害緊急事態の布告を発することができるものとされる．国会が閉会中などであっても，国の経済の秩序を維持し，公共の福祉を確保する緊急の必要がある場合には，内閣は生活必需物資の配給などの制限，金銭債務の支払いの延期など海外からの支援受入れに係わる緊急政令の制定について政令をもって必要な措置をとることができる．

2.3.3 災害対策基本法の一部改正の概要
―平成24年（2012）6月27日公布・施行―

災害対策基本法は，平成23年（2011）3月の東日本大震災を受けて，得られた教訓を今後に生かすため，防災に関する制度のあり方について所要の法改正を含む全般的な検討を加え，その結果に基づいて，速やかに必要な措置を講ずるものとされた．第1弾の改正内容は図2.3.1のとおりである．

---概　要---
1　大規模広域な災害に対する即応力の強化
・災害発生時における積極的な情報の収集・伝達・共有を強化
・地方公共団体間の応援業務等について，都道府県・国による調整規定を拡充・新設
・地方公共団体間の応援の対象となる業務を，消防，救命・救難等の緊急性の高い応急措置から，避難所運営支援等の応急対策一般に拡大
・地方公共団体間の相互応援等を円滑化するための平素の備えの強化

2　大規模広域な災害における被災者対応の改善
・都道府県・国が要請等を待たず自らの判断で物資等を供給できることなど，救援物資等を被災地に確実に供給する仕組みを創設
・市町村・都道府県の区域を越える被災住民の受入れ（広域避難）に関する調整規定を創設

3　教訓伝承，防災教育の強化や多様な主体の参画による地域の防災力の向上
・住民の責務として災害教訓の伝承を明記
・各防災機関において防災教育を行うことを努力義務化する旨を規定
・地域防災計画に多様な意見を反映できるよう，地方防災会議の委員として，自主防災組織を構成する者又は学識経験のある者を追加

図 2.3.1　災害対策基本法などの一部改正の概要（第1弾）（内閣府）

災害教訓の伝承が住民の責務であることや各防災機関において防災教育を行うことの努力義務化のほか，自主防災組織の構成者または学識経験者など，多様な主体の参画による地域防災力の向上への措置が必要とされている．

2.3.4　災害対策基本法などの一部改正の概要
　　　―平成25年（2013）6月21日公布・施行―

東日本大震災をふまえた法制上の課題のうち，緊急を要するものについては，前述の平成24年6月の災害対策基本法の「第1弾」改正にて措置された．

その際に改正法の附則および附帯決議により引き続き検討すべきとされた諸課題について，中央防災会議「防災対策推進検討会議」の最終報告（平成24年（2012）7月）もふまえ，さらなる「第2弾」の改正が実施された．

第2弾の改正のおもな内容は，図2.3.2に示すとおりであり，災害の定義の例示に，がけ崩れ・土石流・地すべりが加えられた．

とくに，「住民等の円滑かつ安全な避難の確保」では，的確な避難指示などのため，市町村長から助言を求められた国（地方気象台など）または都道府県に応答義務を課されたことや，市町村長は防災マップの作成などに努めることが規定された．さらに，「平素からの防災への取組の強化」として，「減災」の考え方など，災害対策の基本理念の明確化や市町村の居住者などから「地区防災計画」を提案できることとすること，国，地方公共団体とボランティアとの連携を促進することなどが定められ，防災教育とともに地域防災力の向上とそれらの推進を図ることが求められている．

2.3.5　地区防災計画

従来，防災計画としては国レベルの総合的かつ長期的な計画である防災基本計画と，地方レベルの都道府県および市町村の地域防災計画を定め，それぞれのレベルで防災活動が実施されてきた．

しかし，東日本大震災において，自助，共助および公助があわさって初めて大規模広域災害後の災害対策がうまく働くことが強く認識され，その教訓をふまえて，平成25年（2013）災害対策基本法では，自助および共助に関する規定が追加された．

それに伴い，地域コミュニティにおける共助による防災活動の推進の観点から，市町村内の一定の地区の居住者および事業者（以下，「地区居住者など」という）が行う自発的な防災活動に関する地区防災計画制度が新たに創設された（平成26年（2014）4月1日施行）．

この制度は，市町村内の地区居住者が行う自発的な防災活動に関する計画に際し，市町村地域防災計画の中に同計画が規定されることによって，市町村地域防災計画と地区防災計画それぞれに基づく防災活動の連携を図り，共助の強化により地区の防災力を向上させることを目的としたものである．

地区居住者などは市町村防災会議に対して地区防災計画に関する提案を行うことができることになっており，市町村防災会議には，それに対する応諾義務が課せられている．

地区防災計画は，このように，災害への準備と災害時の行動計画を地区居住者など皆で作成するものである．地域コミュニティにおける共助の推進のため，日頃から災害伝承や防災教育と連携して取り組み，計画していくことが地域防災力の向上に資するものとなっていく．今後の各地での取組みが期待さ

法律案の概要

1　大規模広域な災害に対する即応力の強化等
- 災害緊急事態の布告があったときは，災害応急対策，国民生活や経済活動の維持・安定を図るための措置等の政府の方針を閣議決定し，これに基づき，内閣総理大臣の指揮監督の下，政府が一体となって対処するものとすること．
- 災害により地方公共団体の機能が著しく低下した場合，国が災害応急対策を応援し，応急措置（救助，救援活動の妨げとなる障害物の除去等特に急を要する措置）を代行する仕組みを創設すること．
- 大規模広域災害時に，臨時に避難所として使用する施設の構造など平常時の規制の適用除外措置を講ずること．　等

2　住民等の円滑かつ安全な避難の確保
- 市町村長は，学校等の一定期間滞在するための避難所と区別して，安全性等の一定の基準を満たす施設又は場所を，緊急時の避難場所としてあらかじめ指定すること．
- 市町村長は，高齢者，障害者等の災害時の避難に特に配慮を要する者について名簿を作成し，本人からの同意を得て消防，民生委員等の関係者にあらかじめ情報提供するものとするほか，名簿の作成に際し必要な個人情報を利用できることとすること．
- 的確な避難指示等のため，市町村長から助言を求められた国（地方気象台等）又は都道府県に応答義務を課すこと．
- 市町村長は，防災マップの作成等に努めること．　等

3　被災者保護対策の改善
- 市町村長は，緊急時の避難場所と区別して，被災者が一定期間滞在する避難所について，その生活環境等を確保するための一定の基準を満たす施設を，あらかじめ指定すること．
- 災害による被害の程度等に応じた適切な支援の実施を図るため，市町村長が罹災証明書を遅滞なく交付しなければならないこととすること．
- 市町村長は，被災者に対する支援状況等の情報を一元的に集約した被災者台帳を作成することができるものとするほか，台帳の作成に際し必要な個人情報を利用できることとすること．
- 災害救助法について，救助の応援に要した費用を国が一時的に立て替える仕組みを創設するとともに，同法の所管を厚生労働省から内閣府に移管すること．　等

4　平素からの防災への取組の強化
- 「減災」の考え方等，災害対策の基本理念を明確化すること．
- 災害応急対策等に関する事業者について，災害時に必要な事業活動の継続に努めることを責務とするとともに，国及び地方公共団体と民間事業者との協定締結を促進すること．
- 住民の責務に生活必需物資の備蓄等を明記するとともに，市町村の居住者等から地区防災計画を提案できることとすること．
- 国，地方公共団体とボランティアとの連携を促進すること．　等

5　その他
- 災害の定義の例示に，崖崩れ・土石流・地滑りを加えること．
- 特定非常災害法について，相続の承認又は放棄をすべき期間に関する民法の特例を設けること．　等

図 2.3.2　災害対策基本法などの一部改正の概要（第2弾）（内閣府）

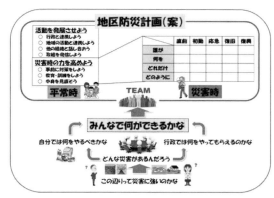

図 2.3.3　地区防災計画の作成イメージ（内閣府「地区防災計画ガイドライン」より抜粋）

れる．

なお，内閣府では，具体的な活動や地区防災計画作成のため，地区防災計画ガイドラインを定めるとともに，先進的な地区レベルの防災活動の取組事例を「地区防災計画ガイドライン」の別冊としてとりまとめている（図 2.3.3）．

[緒績英章]

参考文献

国土交通省砂防部（2009）：土砂災害防止教育支援ガイドライン（案）．

駒ヶ根高原砂防フィールド・ミュージアム運営協議会（2008）：地域資源解説書．

中央教育審議会答申（2008）：「幼稚園，小学校，中学校，高等など学校及び特別支援学校の学習指導要領等の改善について」．

内閣府（2013）：災害対策基本法等の一部を改正する法律（平成25年法律第54号）．

内閣府（2014）：地区防災計画ガイドライン．

文部科学省（2005）：教育基本法（平成18年法律第120号）について．

文部科学省（2008）：小学校学習指導要領案および解説．

文部科学省（2008）：中学校学習指導要領案および解説．

文部科学省（2008）：すぐにわかる新しい学習指導要領のポイント．（保護者用リーフレット）

文部科学省（2013）：学校防災のための参考資料「生きる力」を育む防災教育の展開．

文部科学省：教科書 Q&A．
http://www.mext.go.jp/a_menu/shotou/kyoukasho/010301.htm.

第3章　学校における防災教育

　学校における防災教育は，全国一律に実施され，早期からの防災意識啓発や地域との連携が取りやすいという点で大きな意義がある．ただし，現状では防災教育における課題は多い．第1に，学校において土砂災害防止教育のための十分な時間を確保することが困難な点である．第2に，必ずしも教員や児童・生徒の身近な場所で土砂災害が発生しているとは限らず，教材自体の不足も相まって，見聞の取得が困難な場合が多い点があげられる．また，防災教育の具体的手法はいまだ明確化されていない．体系化もなされていない条件下で本格的な防災教育を行うことは，教師の負担をさらに増やすことになるという指摘もある．加えて，現行の防災教育における小・中学校への学習効果を定量的に評価した研究事例は少ない．効果的な教育手法の模索と防災教育の体系化を目指し，今後も基礎的研究の蓄積が求められている．こうしたことから，本章では小学校・中学校の児童・生徒に対して，様々な手法やフィールドを対象に，防災教育に取り組んだ事例について述べる．

3.1 小学生向け防災学習会の実践による効果

3.1.1 学校における防災教育の意義

わが国ではさまざまな自然災害が毎年，発生している．いつどこで誰が災害に遭遇するかわからない状況の中，わが国における防災の脆弱点として「市民の防災意識の低さ」が指摘されている（山田他，2007）．いざというときに自分の命を守るためにも，一人一人の防災力を向上させることが災害大国日本にとって不可欠である．そのためには防災行動を促す教育機会が必要であるが，その機会として義務教育が注目されている．というのは，市民の普遍的機会となり得るからである．そのため，学校教育での防災教育実施が不可欠なものとして期待されている．また学校防災教育は児童に対して実施されるが，間接的に保護者や地域への波及効果も期待されており，実際に児童を媒介者として保護者の防災行動が促進される場合もある（豊沢他，2010）．

このような理由から学校における防災教育は注目を集めており，実際に各学校でさまざまな取組みが実施されている．しかし，多くの学校においては内容のワンパターン化が進み，避難訓練が主体となっていることが多い（重川，2003）．その上，防災教育に割ける時間も各学校で異なっており，防災教育の体制は学校ごとにばらつきがある（矢守他，2012）．そこで本節では，学校ごとの防災教育への取組みの違いが，児童へどのような効果の違いとして現れるのかを明らかにすることで，効果的な学校防災教育実施の際にポイントとなる点を整理し，今後の防災教育のヒントを探すこととする．

3.1.2 調査対象

学校ごとの違いを比較分析するためには，各学校において同じ防災学習会を実施し，その学習会の効果を比較することが必要となる．そこで今回の調査対象として，国土交通省岩手河川国道事務所，岩手県，一関市が主体となって実施している小学生向けの防災学習会「磐井川砂防探検隊」を取り上げた．本探検隊に参加した岩手県一関市内の6校を調査対象とした（表3.1.1）．本探検隊は平成20年（2008年）岩手・宮城内陸地震を契機に開始され，おもな内容としては，岩手・宮城内陸地震の被害現場を見学し，そこで児童らが専門家から説明を受けるという流れである．本探検隊は土砂災害を中心としたプログラムとなっている．ただし，学校ごとに若干内

表 3.1.1 磐井川砂防探検隊に参加した学校一覧

参加学校	参加学年	参加児童数（人）
A 小学校	5 年生	37
B 小学校	5 年生	58
C 小学校	3～6 年生	20
D 小学校	5 年生	30
E 小学校	5 年生	5
F 小学校	4 年生	15
合計		165

表 3.1.2 学校ごとの探検隊実施内容

砂防探検隊	A	B	C	D	E	F
	出発式					
	一関市災害遺構見学					
市野々原被災地展望広場	○	○	○	○	○	○
市野々原2号堰堤	○	○	○	○	○	○
祭時被災地展望の丘	○	○	○	○	○	○
祭時大橋見学通路	○	○	○	×	×	×
特別講義	×	×	○	×	○	×
	終了式	昼食				
一関市防災センター（あいぽーと）見学	×	○	×	○	×	○
特別講義	×	×	○	×	×	×
			終了式			
備考	午前終了	―	特別講義形式	雨天	雨天	雨天

○…実施あり，×…実施なし

容が異なる（表 3.1.2）．図 3.1.1 〜 3.1.3 に磐井川砂防探検隊の様子を示す．

3.1.3 調査方法

調査方法は，①児童へのアンケート調査（計 2 回），②教員への聞き取り調査の 2 つである．①児童アンケート調査は約 2 週間後と約 4 カ月後に実施し，（ⅰ）探検隊参加前，（ⅱ）約 2 週間後，（ⅲ）約 4 箇月後の 3 期間での状況を問う形式にした．これらのアンケートをもとに，探検隊が児童へもたらした影響とその時間経過による変化について調査した．②教員への聞き取り調査では，各学校の担任などに学校における防災教育の取組みや課題などについての聞き取りを実施した．

なお，C 小学校では学校独自の防災教育を実施していた．後述するがこうした取組みは児童への学習に効果がみられた．C 小学校では毎月 1 日を家庭防災の日「ワンデー（one day）」とし，家庭での防災に関する会話を促進する活動をしている．

3.1.4 調査結果と考察

これまで述べてきたように砂防探検隊に参加した児童を対象に実施したアンケートの結果から，今回の砂防探検隊が児童へもたらした影響を明らかにし，ポイントとなった点を整理していく．

(1) 全体的にみた場合

ここでは，磐井川砂防探検隊に参加した児童（計 166 人）の時系列変化を示す．今回の砂防探検隊が児童へもたらした影響として，以下の 6 点が明らかとなった．

①自然災害に関する会話量が増えた

探検隊に参加する前と参加した後の自然災害に関する会話の有無についての質問をした．参加前は自然災害の話をしたことのない児童が，参加後にどのくらい話すようになったかを見てみる．参加前に会話をしていた児童は，参加後も会話することが 107 人中，91 人（約 85％）と多い．一方，参加前に会話したことがなかった児童も，参加後に 53 人中，24 人（約 45％）が自然災害に関する会話をするようになった（図 3.1.4）．また，2 週間後に聞いた自然災害に関する会話頻度の変化をみても，全体の約 27％

図 3.1.1 土石流模型実験の様子，説明者は学生（筆者撮影，2013 年 6 月 14 日）

図 3.1.2 市野々原 2 号堰堤見学の様子（筆者撮影，2013 年 6 月 14 日）

図 3.1.3 旧祭時大橋を保存した災害遺構の見学，説明者は学生（筆者撮影，2013 年 6 月 4 日）

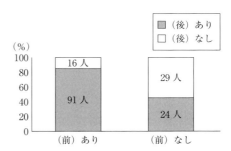

図 3.1.4 参加前の会話有無×参加後の会話有無
※無回答は除いてある

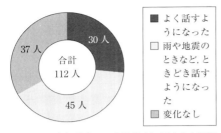

図 3.1.5 参加前後での自然災害に関する会話頻度の変化

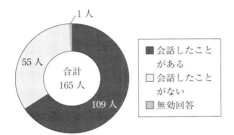

図 3.1.6 探検隊について伝えたかどうか

の児童が「よく話すようになった」と回答しており，約 40％の児童が「ときどき話すようになった」と回答している（図 3.1.5）．なお図の 37 人の欄は変化なしである．

図 3.1.6 は，探検隊について参加後に誰かに内容などを伝えたかどうかについての回答結果である．約 6 割以上の児童が，探検隊について誰かに伝えていた．内容伝達と理解量には関係がある．つまり内容をよく覚えている児童ほど理解力が高いことから，誰かに伝える行為は大切なポイントとなっている．一方で，伝達していない児童が約 3 割もいることから，その内容にはまだ改善点が求められる．誰かに伝えたくなるような，話したくなるような内容へと工夫をしていく必要がある．伝えた相手としては，保護者が一番多かった．

②災害遺構を再見学する児童が多い

　全体のうち約 42％の児童が再見学をしていた．きっかけは「たまたま通りかかった」が多かった．

③新しい災害の発見がなされた

　土石流や地すべりを初めて知る児童が多い．4 箇月後の知識の定着率は約 58.5％であった．

④自然災害に関する自主学習量が増加した

　参加後の時間経過とともに自主学習実施が増加している．

⑤避難所の認知度が増加

⑥参加後の時間経過とともに避難所認知度が増加した．

図 3.1.7 は，探検隊参加前後の自然災害に関する自主学習有無の推移を学校別に表したものである．このグラフをみると，参加後の時間経過とともに自然災害に関する自主学習の実施が増加していることがわかる．この結果は必ずしも探検隊にのみ影響を受けたわけではないが，参加 2 週間後の結果に注目すると，C 小学校以外は自主学習実施が増加していることがわかる．つまり，探検隊に参加したことで，自然災害への関心が高まった可能性があるといえる．

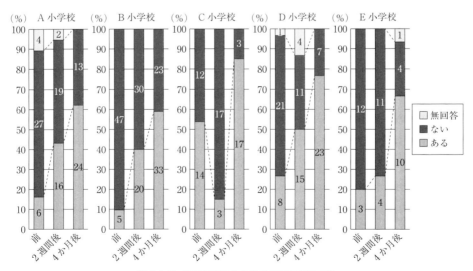

図 3.1.7 時間経過による自主学習の有無変化

(2) 小学校別にみた場合

小学校ごとに児童アンケートを比較した結果，学校の取組みの違いによって以下4点の特徴がわかった．

①探検隊実施教科で伝達量に差がある可能性

探検隊実施にあてた教科の違い（社会 or 総合的な学習の時間）により，児童の探検隊についての伝達量に差が生じた．教科の違いが防災教育への取組内容への違いを生じさせた可能性がある．

②参加前の導入と参加後のフォローの重要性

児童への授業導入とフォロー実施が弱い場合，参加後の自然災害に関する会話量が少ない傾向がみられた．

図3.1.8は時間経過による自然災害に関する会話の有無変化を示したものである．C小学校の参加前後による自然災害に関する会話の有無変化に注目してみる．すると，参加前から自然災害に関する会話の頻度が他校と比べて高水準であることがわかる．C小学校は，1年間通しての通年の防災教育を実施しているためだと考えられる．会話のきっかけとして，C小学校独自で実施している「ワンデー」を理由にあげる児童が多く，「家庭防災の日」が機能していることがうかがえる．

③保護者への働きかけの違い

保護者への学校側からの働きかけが弱い場合，家族との自然災害に関する会話量が少ない傾向にあった．

④防災教育実施期間

通年を通して防災教育を実施している学校では，自然災害に関する会話頻度も（参加前から）高く，学習意欲も高いことがわかった．また，通年で実施する防災教育が会話のきっかけにもなっている．

(3) 要素間の関係性をみた場合

児童アンケートの設問のうち関連がありそうな2要素を抽出しクロス集計を行い，カイ2乗検定を実施した．その結果，以下の5点の関係性がわかった．

①親子の関係性が防災波及効果に影響する

普段から積極的に発言する児童ほど探検隊についてもよく伝えており，時間が経過しても，自然災害に関する会話頻度が高い．

②再見学が会話量を増加させる

参加後に遺構を再見学した児童ほど，4箇月後の会話頻度が増加していた．遺構が身近に存在することで災害関心が維持されやすい可能性がある．

③「楽しい」ものほど伝えたくなる

探検隊を楽しいと感じた児童ほど，その内容を誰かに伝えている．キーワードは「楽しさ」である．

④自然災害会話量と探検隊記憶量に関係性あり

探検隊の記憶がよい児童ほど，参加後の自然災害に関する会話頻度が高い．

⑤探検隊記憶量と災害への関心には関係性あり

探検隊の記憶がよい児童ほど，参加後に災害をよく気にするようになっている．

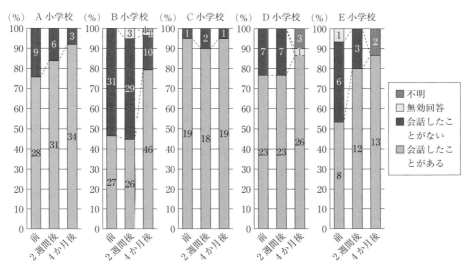

図3.1.8 時間経過による自然災害に関する会話の有無変化

表 3.1.3　C 小学校における「ワンデー」の毎月の内容

家庭防災の日	内容
4月	メールによる連絡確認，地震への備え
5月	災害への備えと安全な生活
6月	地域の安全（クマなどの獣，不審者）
7月	※6.14を振り返る，水の事故
8月	
9月	火災時の危険・行動
10月	気象災害（大雨・雷・津波）
11月	災害への備え，冬の火災
12月	地域の安全・防災
1月	冬期間の事故
2月	雪道の安全，避難所の役割
3月	東日本大震災を振り返る

※6.14 は平成20年（2008）岩手・宮城内陸地震

3.1.5　ワンデー（家庭防災の日）の取組み

　前述したようにC小学校では学校独自の防災教育を実施しており，こうした取組みは児童への学習に効果がみられた．ここでは，C小学校における防災教育「ワンデー」の取組みについて紹介する．2013年からはじまったワンデーでは毎月テーマが決められており，そのテーマについて各家庭で話し合いが行われている．この取組みにより，保護者の防災意識も啓発されているようである．ワンデーの毎月の内容一覧を表3.1.3に示す．

　C小学校におけるワンデーの取組みは，おもに学級活動や朝会で実施され，そこで児童は防災について学んだり考えたりする機会が与えられる．その後，家庭で保護者と防災について話し合い，話し合った内容を紙に記録として残し，各自ファイルで保存するようになっている．また記録用紙には保護者が感想や意見を書く欄も設けてあり，確実に保護者を巻き込んだ防災教育を実施していた．ワンデーの取組みによって，保護者の防災意識も啓発されているようである．

3.1.6　まとめ

　これまで述べてきたように土砂災害の小学生を対象とした防災学習会である砂防探検隊への参加がきっかけとなり，自然災害に関する会話量や自主学習量が増加するなど，児童にとってプラスの影響がもたらされたことがわかった．また各小学校における防災教育への取組みの違いによって，防災学習会の児童への影響にも差がみられることがわかった．より効果的な防災教育を行うためには，導入・フォロー実施の強化，あるいは防災に触れる・考える頻度を少しずつ増やすこと等が必要であることがわかった．

　小学生に対する防災教育は，児童から保護者への防災知識の波及も期待できる．普段から災害に関する会話頻度の高い児童ほど，防災学習の記憶量や災害への関心が高く，時間経過後もそれらを維持する傾向にある．また，児童らの防災意識の維持においては，学校または教員による取組みも大きく影響していた．児童らが日ごろから高い防災意識を持つためには，外部からの継続的な働きかけが不可欠である．したがって，行政主体の防災学習会に積極的に参加することに加え，そこでの学習内容を学校や家庭において繰り返し想起させ，児童らが防災・災害に関する記憶と関心を長期間保てるような工夫をすることは重要であるといえる．これらは2011年に実施した調査と同一の傾向であった（井良沢他，2013）．また，防災学習会や普段の授業の中で，児童らが学んだことを保護者に伝えたいと思わせるような学習内容，指導方法を精選すべきである．また，児童らへの働きかけと同時に，家族および教員らに対しての防災教育も並行して行うことが望ましい．

　今後の防災教育では，「楽しく」誰かに伝えたくなるような，あるいは「記憶に残りやすく」なるような内容工夫をポイントとして押さえていくとよいと思われる．今後も地域とともに創りあげる防災啓発プログラム手法の開発が求められている．本報告が今後の土砂災害防止教育に少しでも貢献できることを願ってやまない．

[井良沢道也]

参考文献

井良沢道也・多賀谷拓也（2013）：小学生向け防災学習会の実践による効果評価，岩手大学農学部演習林報告44，103-117．

重川希志依（2003）：防災意識の啓発と防災教育，建築雑誌118（1503），34-35．

豊沢純子他（2010）：小学生に対する防災教育が保護者の防災行動に及ぼす影響，教育心理学研究58（4），480-490．

山田兼尚（2007）：教師のための防災教育ハンドブック，22-25，学文社．

矢守克也他（2012）：夢見る防災教育，69-95，136-140，晃洋書房出版．

朝倉書店〈土木・建築工学関連書〉ご案内

設計者のための 免震・制震構造ハンドブック
日本免震構造協会編
B5判 312頁 定価（本体7400円+税）（26642-9）

2012年に東京スカイツリーが完成し、大都市圏ではビルの高層化・大型化が加速度的に進んでいる。このような状況の中、地震が多い日本においては、高層建築物には耐震だけでなく、免震や制震の技術が今後ますます必要かつ重要になってくるのは明らかである。本書は、建築の設計に携わる方々のために「免震と制震技術」について、共通編、免震編、制震編に分け必要事項を網羅し、図や写真を豊富に用いてわかりやすく、実際的にまとめた。

コンクリート補修・補強ハンドブック
宮川豊章総編集　大即信明・清水昭之・小柳光生・守分敦郎・上東　泰編
B5判 664頁 定価（本体26000円+税）（26156-1）

コンクリート構造物の塩害や凍害等さまざまな劣化のメカニズムから説き起こし、剥離やひび割れ等の劣化の診断・評価・判定、測定手法を詳述。実務現場からの有益な事例、失敗事例を紹介し、土木・建築双方からアプローチする。土木構造物では、橋梁・高架橋、港湾構造物、下水道施設、トンネル、ダム、農業用水路等、建築構造物では集合住宅、工場・倉庫、事務所・店舗等の一般建築物に焦点をあて、それぞれの劣化評価法から補修・補強工法を写真・図を多用し解説

水辺と人の環境学（上）—川の誕生—
小倉紀雄・竹村公太郎・谷田一三・松田芳夫編
B5判 160頁 定価（本体3500円+税）（18041-1）

河川上流域の水辺環境を地理・植生・生態・防災など総合的な視点から読み解く。〔内容〕水辺の地理／日本の水循環／河川生態系の連続性と循環／河川上流域の生態系（森林、ダム湖、水源・湧水、網細流、上流域）／砂防の意義と歴史／森林管理の変遷

水辺と人の環境学（中）—人々の生活と水辺—
小倉紀雄・竹村公太郎・谷田一三・松田芳夫編
B5判 160頁 定価（本体3500円+税）（18042-8）

河川中流域の水辺環境を地理・生態・交通・暮らしなど総合的な視点から読み解く。〔内容〕扇状地と沖積平野／水資源と水利用／河川中流域の生態系／治水という営み／内陸水運の盛衰／平成の自然再生と平成の河川法改正／水辺と生活／農地開発

水辺と人の環境学（下）—水辺と都市—
小倉紀雄・竹村公太郎・谷田一三・松田芳夫編
B5判 176頁 定価（本体3500円+税）（18043-5）

河川下流域の水辺環境を地理・生態・都市・防災等総合的視点で読み解く。〔内容〕河川と海の繋がり／水質汚染と変遷／下流・河口域の生態系／水と日本の近代化／都市と河川／海岸防護／干潟・海岸の保全・再生／都市の水辺と景観／水辺と都市

新版 港湾工学
港湾学術交流会編
A5判 292頁 定価（本体3200円+税）（26166-0）

東日本大震災および港湾法の改正を受け、地震・高潮・津波など防災面も重視して「港湾」を平易に解説。〔内容〕港湾の役割と特徴／港湾を取り巻く自然／港湾施設の計画と建設／港湾と防災／港湾と環境／港湾施設の維持管理／港湾技術者の役割

これからの住まいとまち —住む力をいかす地域生活空間の創造—
堀田祐三子・近藤民代・阪東美智子編
A5判 184頁 定価（本体3200円+税）（26643-6）

住宅計画・地域計画を、「住む」という意識に基づいた維持管理を実践する「住む力」という観点から捉えなおす。人の繋がり、地域の力の再生、どこに住むか、などのテーマを、震災復興や再開発などさまざまな事例を用いて解説。

都市・地域・環境概論 —持続可能な社会の創造に向けて—
大貝彰・宮田譲・青木伸一編著
A5判 224頁 定価（本体3200円+税）（26165-3）

安全・安心な地域形成、低炭素社会の実現、地域活性化、生活サービス再編など、国土づくり・地域づくり・都市づくりが抱える課題は多様である。それらに対する方策のあるべき方向性、技術者が対処すべき課題を平易に解説するテキスト。

シリーズ〈都市地震工学〉
都市災害の軽減を目指して,その知識と技術を体系化

シリーズ〈都市地震工学〉2　地震・津波ハザードの評価
山中浩明編
B5判 144頁 定価（本体3200円+税）（26522-4）

地震災害として顕著な地盤の液状化と津波を中心に解説。〔内容〕地盤の液状化予測と対策（形態,メカニズム,発生予測）／津波ハザード（被害と対策,メカニズム,シミュレーション）／設計用ハザード評価（土木構造物の設計用入力地震動）。

シリーズ〈都市地震工学〉4　都市構造物の耐震性
林　静雄編
B5判 104頁 定価（本体3200円+税）（26524-8）

都市を構成する構造物の耐震性を部材別に豊富な事例で詳説〔内容〕鋼構造物（地震被害例／耐震性能他）／鉄骨造建築（地震被害例／耐震性能）／鉄筋コンクリート造建築（歴史／特徴／耐震設計概念他）／木質構造物（接合部の力学的挙動他）

シリーズ〈都市地震工学〉5　都市構造物の耐震補強技術
二羽淳一郎編
B5判 128頁 定価（本体3200円+税）（26525-5）

建築・土木構造物の耐震補強技術を部材別に豊富な事例で詳説。〔内容〕地盤構造（グラウンドアンカー工法／補強土工法／基礎補強他）／RC土木構造（構造部材の補強／部材増設での補強他）／RC建築構造（歴史／特徴／建築被害と基準法他）

シリーズ〈都市地震工学〉6　都市構造物の損害低減技術
竹内　徹編
B5判 128頁 定価（本体3200円+税）（26526-2）

都市を構成する建築物・橋梁等が大地震に遭遇する際の損害を最小限に留める最新技術を解説。〔内容〕免震構造（モデル化／応答評価他）／制震構造（原理と多質点振動／制震部材／一質点系応答他）／耐震メンテナンス（鋼材の性能／疲労補修他）

シリーズ〈都市地震工学〉7　地震と人間
大野隆造編　青木義次・大佛俊泰・瀬尾和大・藤井　聡著
B5判 128頁 定価（本体3200円+税）（26527-9）

都市の震災時に現れる様々な人間行動を分析し,被害を最小化するための予防対策を考察。〔内容〕震災の歴史的・地理的考察／特性と要因／情報とシステム／人間行動／リスク認知とコミュニケーション／安全対策／報道／地震時火災と避難行動

シリーズ〈都市地震工学〉8　都市震災マネジメント
翠川三郎編
B5判 160頁 定価（本体3800円+税）（26528-6）

都市の震災による損失を最小限に防ぐために必要な方策をハード,ソフトの両面から具体的に解説〔内容〕費用便益分析にもとづく防災投資評価／構造物の耐震設計戦略／リアルタイム地震防災情報システム／地震防災教育の現状・課題・実践例

ランドスケープと都市デザイン —風景計画のこれから—
宮脇　勝著
B5判 152頁 定価（本体3200円+税）（26641-2）

ランドスケープは人々が感じる場所のイメージであり,住み,訪れる場所すべてを対象とする。考え方,景観法などの制度,問題を国内外の事例を通して解説〔内容〕ランドスケープとは何か／特性と知覚／風景計画／都市デザイン／制度と課題

橋梁の疲労と破壊 —事例から学ぶ—
三木千壽著
B5判 228頁 定価（本体5800円+税）（26159-2）

新幹線・高速道路などにおいて橋梁の劣化が進行している。その劣化は溶接欠陥・疲労強度の低さ・想定外の応力など,各種の原因が考えられる。本書は国内外の様々な事故例を教訓に合理的なメンテナンスを求めて圧倒的な図・写真で解説する。

みどりによる環境改善
戸塚　績編著
B5判 160頁 定価（本体3600円+税）（18044-2）

植物の生理的機能を基礎に,植生・緑による環境改善機能と定量的な評価方法をまとめる。〔内容〕植物・植栽の大気浄化機能／緑地整備／都市気候改善機能／室内空気汚染改善法／水環境浄化機能（深水域・海水域）／土壌環境浄化機能

土木材料学
宮川豊章・六郷恵哲編
A5判 248頁 定価（本体3600円+税）（26162-2）

コンクリートを中心に土木材料全般について,原理やメカニズムから体系的に解説するテキスト。〔内容〕基本構造と力学的性質／金属材料／高分子材料／セメント／混和材料／コンクリート（水,鉄筋腐食,変状,配合設計他）／試験法／他

土木工学選書 社会インフラ新建設技術
奥村忠彦編
A5判 288頁 定価（本体5500円+税）（26531-6）

従来の建設技術は品質，コスト，工期，安全を達成する事を目的としていたが，近年はこれに環境を加えることが要求されている。本書は従来の土木，機械，電気といった枠をこえ，情報，化学工学，バイオなど異分野を融合した新技術を詳述。

土木工学選書 地域環境システム
佐藤慎司編
A5判 260頁 定価（本体4800円+税）（26532-3）

国土の持続再生を目指して地域環境をシステムとして把握する。〔内容〕人間活動が地域環境に与えるインパクト／都市におけるエネルギーと熱のマネジメント／人間活動と有毒物質汚染／内湾の水質と生態系／水と生態系のマネジメント

シリーズ〈建築工学〉
基礎から応用まで平易に解説した教科書シリーズ

1. 建築デザイン計画
服部岑生・佐藤 平・荒木兵一郎・水野一郎・戸部栄一・市原 出・日色真帆・笠嶋 泰著
B5判 216頁 定価（本体4200円+税）（26871-3）

建築計画を設計のための素養としてでなく，設計の動機付けとなるように配慮。〔内容〕建築計画の状況／建築計画を始めるために／デザイン計画について考える／デザイン計画を進めるために／身近な建築／現代の建築設計／建築計画の研究／他

2. 建築構造の力学
西川孝夫・北山和宏・藤田香織・隈澤文俊・荒川利治・山村一繁・小寺正孝著
B5判 144頁 定価（本体3200円+税）（26872-0）

初めて構造力学を学ぶ学生のために，コンピュータの使用にも配慮し，やさしく，わかりやすく解説した教科書。〔内容〕力とつり合い／基本的な構造部材の応力／応力度とひずみ度／骨組の応力と変形／コンピュータによる構造解析／他

3. 建築の振動
西川孝夫・荒川利治・久田嘉章・曽田五月也・藤堂正喜著
B5判 120頁 定価（本体3200円+税）（26873-7）

建築構造物の揺れの解析について，具体的に，わかりやすく解説。〔内容〕振動解析の基礎／単純な1自由度系構造物の解析／複雑な構造物（多自由度系）の振動／地震応答解析／耐震設計の基礎／付録：シミュレーション・プログラムと解説

4. 建築の振動 －応用編－
西川孝夫・荒川利治・久田嘉章・曽田五月也・藤堂正喜著
B5判 164頁 定価（本体3500円+税）（26874-4）

耐震設計に必須の振動理論を，構造分野を学ばれた方を対象に，原理がわかるように丁寧に解説。〔内容〕振動測定とその解析／運動方程式の数値計算法／動的耐震計算／地盤と建物の相互作用／環境振動／地震と地震動／巻末にプログラムを掲載

5. 建築環境工学 －熱環境と空気環境－
宇田川光弘・近藤靖史・秋元孝之・長井達夫著
B5判 180頁 定価（本体3500円+税）（26875-1）

建築の熱・空気環境をやさしく解説。〔内容〕気象・気候／日照と日射／温熱・空気環境／計測／伝熱／熱伝導シミュレーション／室温と熱負荷／湿り空気／結露／湿度調整と蒸発冷却／換気・通風／機械換気計画／室内空気の変動と分布／他

6. 建築材料（改訂版）
小山智幸・本田 悟・原田志津男・小山田英弘・白川敏夫・高巣宏二・伊藤是清・孫 玉平著
B5判 168頁 定価（本体3500円+税）（26870-6）

種々の材料の性質（強度，変形能力，耐火性，経済性など）を理解し，適材適所に用いる能力を習得するためのテキスト。〔内容〕石材／ガラス／粘土焼成品／鉄鋼／非鉄金属／木材／高分子材料，セメント／コンクリート／耐久設計／材料試験

7. 都市計画
萩島 哲編著　太記祐一他著
B5判 152頁 定価（本体3200円+税）（26877-5）

わかりやすく解説した教科書。〔内容〕近代・現代の都市計画・都市デザイン／都市のフィジカルプラン・都市計画マスタープラン／まちづくり／都市の交通と環境／文化と景観／都市の緑地・オープンスペースと環境計画／歩行者空間／ほか

エース土木工学シリーズ
教育的視点を重視し,平易に解説した大学ジュニア向けシリーズ

エースコンクリート工学 (改訂新版)
田澤栄一編著
A5判 264頁 定価 (本体3600円+税) (26480-7)

コンクリートを中心に土木材料全般について,原理やメカニズムから体系的に解説するテキスト。〔内容〕基本構造と力学的性質／金属材料／高分子材料／セメント／混和材料／コンクリート（水,鉄筋腐食,変状,配合設計他）／試験法／他

エース土木システム計画
森 康男・新田保次編著
A5判 220頁 定価 (本体3800円+税) (26471-5)

土木システム計画を簡潔に解説したテキスト。〔内容〕計画とは将来を考えること／「土木システム」とは何か／土木システム計画の全体像／計画課題の発見／計画の目的・目標・範囲・制約／データ収集／分析の基本的な方法／計画の最適化／他

エース建設構造材料 (改訂新版)
西林新蔵編著
A5判 164頁 定価 (本体3000円+税) (26479-1)

土木系の学生を対象にした,わかりやすくコンパクトな教科書。改訂により最新の知見を盛り込み,近年重要な環境への配慮等にも触れた。〔内容〕総論／鉄鋼／セメント／混和材料／骨材／コンクリート／その他の建設構造材料

エース環境計画
和田安彦・菅原正孝・西田 薫・中野加都子著
A5判 192頁 定価 (本体2900円+税) (26473-9)

環境問題を体系的に解説した学部学生・高専生用教科書。〔内容〕近年の地球環境問題／環境共生都市の構築／環境計画（水環境計画・大気環境計画・土壌環境計画・廃棄物・環境アセスメント）／これからの環境計画（地球温暖化防止,等）

エース交通工学
樗木 武・横田 漠・堤 昌文・平田登基男・天本徳浩著
A5判 196頁 定価 (本体3200円+税) (26474-6)

基礎的な事項から環境問題・IT化など最新の知見までを,平易かつコンパクトにまとめた交通工学テキストの決定版。〔内容〕緒論／調査と交通計画／道路網の計画／自動車交通の流れ／道路設計／舗装構造／維持管理と防災／交通の高度情報化

エース道路工学
植下 協・加藤 晃・小西純一・間山正一著
A5判 228頁 定価 (本体3600円+税) (26475-3)

最新のデータ・要綱から環境影響などにも配慮して丁寧に解説した教科書。〔内容〕道路の交通容量／道路の幾何学的設計／土工／舗装概論／路床と路盤／アスファルト・セメントコンクリート舗装／付属施設／道路環境／道路の維持修繕／他

エース測量学
福本武明・荻野正嗣・佐野正典・早川 清・古河幸雄・鹿田正昭・嵯峨 晃・和田安彦著
A5判 216頁 定価 (本体3900円+税) (26477-7)

基礎を重視した土木工学系の入門教科書。〔内容〕観測値の処理／距離測量／水準測量／角測量／トラバース測量／三角測量と三辺測量／平板測量／GISと地形測量／写真測量／リモートセンシングとGPS測量／路線測量／面積・体積の算定

エース水文学
池淵周一・椎葉充晴・宝 馨・立川康人著
A5判 216頁 定価 (本体3800円+税) (26478-4)

水循環を中心に,適正利用・環境との関係まで解説した新テキスト。〔内容〕地球上の水の分布と放射／降水／蒸発散／積雪・融雪／遮断・浸透／斜面流出／河道網構造と河道流れの数理モデル／流出モデル／降水と洪水のリアルタイム予測／他

ISBN は 978-4-254- を省略

（表示価格は2016年1月現在）

朝倉書店
〒162-8707 東京都新宿区新小川町6-29
電話 直通 (03) 3260-7631　FAX (03) 3260-0180
http://www.asakura.co.jp　eigyo@asakura.co.jp

3.2 小学校に向けた危険箇所教育

3.2.1 GPS機能付カメラによる危険箇所調査

毎年のように各地で多くの多様な災害が発生し，とくに最近は大規模災害となることが多い．このように災害が多発する中で，災害に対する防災教育の必要性が求められているものの，防災教育が十分行われているとは言い難い．実際，地域の小学校に向けた防災教育が実施されている事例は少なく，その手法も確立されたものは多くない．というのも，災害といっても条件によって多種多様で，1つの教育手法で全体を把握することが困難だからである．

そこで，小学生に自分の身の周りの危険箇所を観察する機会を与えて，災害の恐ろしさを実体験することは非常に有効な防災教育といえる．今回，小学生自らがGPS機能付きカメラを使ってグループ単位で危険な箇所を調査，撮影し，その観測記録と写真データを学校に持ち帰ってとりまとめ，その成果を発表する授業を行った．この授業を通じて，防災教育手法がそれなりの成果を得ることができたので紹介する．

3.2.2 防災教育の準備と実施内容

小学生が学校から外に出て学習する機会はあまり多くはない．それでも実際に土砂災害や地震災害で危険と思われる場所を自分たちで野外調査することは貴重な体験となる．

災害に対する自分の身の周りの危険箇所の調査は，いつも通っている道や自分の家の周りをよく知っていることから簡単にできそうであるが，それなりの情報を知らないとうまくその効果を発揮することができない．そこで県や市が公表している土砂災害危険箇所図や浸水想定区域図を活用しながら，自分たちで危険箇所を探したり，判断する力を養うことが必要となる．その判断ができれば，危険がさし迫ったときに逃げる方法も習得できる．

今回，表3.2.1で示した2つの学校でGPS機能付きカメラを使った危険箇所調査を行った．危険箇所調査の防災教育の内容は表3.2.2のとおりである．

危険箇所調査を2日に分けたのは，1日目に災害の内容と現地調査の内容を説明し，2日目に現地調査をした方が理解が増すと判断したことがその理由

表3.2.1 対象災害の内容

対象場所	災害内容	小学生
山間部小学校	土砂災害，河川災害	6年生
都市部小学校	地震災害，浸水被害	3年生

表3.2.2 危険箇所調査の内容

日	防災教育の内容
1日目	自然災害の概要
	防災クイズ
	現地調査の説明
2日目	現地調査
	危険箇所の取りまとめ
	警戒・避難

である．災害の危険がある箇所について，小学生にその認識があるかどうか疑問もあるため，事前に現地調査を行い，児童がそれに気付く導入も行う必要があると考えた．これについては学校の先生と綿密な打合せを行い，準備を進めた．

「自然災害の概要」は，対象となる地域において災害の内容が違うため，それなりの準備をする必要がある．今回行った山間部の小学校は山に囲まれがけ崩れや土石流の土砂災害危険箇所の多い場所であり，土砂災害と河川災害が過去に発生したところで，被害の実態と対策についても現地を事前に調査した．また，都市部の小学校は三角州の南側の海岸に近い場所であり，地震災害，浸水被害が対象となり危険箇所の事前調査を行い，それらをまとめた．

「防災クイズ」は「自然災害の概要」で説明したことを理解してもらうために，クイズ形式で出題するものである．クラスのグループごとに解答をすることで，授業が盛り上がるとともに，理解度も増したと思われる．

「現地調査の説明」は次の日に行う作業について説明し，それぞれのグループで，役割分担（グループリーダー，記録担当，写真担当など）を決めて現地調査の準備を行った．また，調査をする範囲も事前に同じ地域に住んでいる児童どうしで5～6人のグループをつくり，調査する範囲を決めて，白地図（2,500分の1）の準備を行った．また，GPS機能付きカメラの使い方や記録用紙の書き方などの説明を行い，現地調査の準備品（図3.2.1）も確認した．また，現地調査で事故のないよう注意することも説

明した.

2日目の「現地調査」は，調査に出発する前に集まって，調査内容を確認し事故がないよう注意して出発した．各グループにはそれぞれ講師がついて，相談相手となりながら調査を行った．山間部の小学校で行った現地調査の様子を図3.2.2，図3.2.3に示す．山間部は学区の範囲が広いため学校から歩いて行く調査場所もあるものの，学校から離れたところはバスを使っての移動となった．一方，都市部の小学校は各グループとも学校の周囲を歩いて調査できた．

「危険箇所のとりまとめ」は現地調査した結果を学校に持ち帰り，グループごとに危険箇所のとりまとめを行った．GPS機能付きカメラで撮ったデータは，休憩時間を使ってデータ処理し撮影位置と方向をモニターの地図上に表示できるように整理した．児童たちは記録した危険箇所を整理するとともに，モニターの地図に表示された情報を使って，グループごとに危険箇所を発表した（図3.2.4）．実際危険箇所を間近に観察して，そこがどれくらい危険なのか理解できたと思われる．

「警戒・避難」は現地調査した危険箇所をもう一度確認するとともに，大雨と災害の関係について確認し，どのくらいの雨で災害が起こるのか，また，避難場所の写真による説明を行い，地震の備えなどの，避難を判断する内容について説明した．

この一連の教育で危険箇所や避難場所の位置については理解が深まったと思われる．この教育後にアンケート調査を行い，理解度や感想を整理した．

3.2.3 山間部小学校のアンケート結果

GPS機能付きカメラを使用したことにより，撮影場所，方向を具体的に示すことができたため，通学路の危険箇所や自宅周辺の注意点などを認識することができた．また，斜面崩壊箇所やその対策状況も現地で確認することができたことから，対策事業の重要性も認識できたと考えられる．

山間部の小学校6年生46名からアンケートの回答を，また，生徒全員から授業を受けた感想を得た．

アンケートの結果，授業内容の理解度として，「大変よくわかった」，「だいたいわかった」をあわせると100％の結果であり，理解したと思われる（図3.2.5）．

「最近災害が起こりそうだと感じたことがありますか」の質問には，「ある」と答えた生徒は46名中16名（35％）と多く，災害が起こりそうと感じる現象は大雨14人（59％），台風8人（33％），地震2人

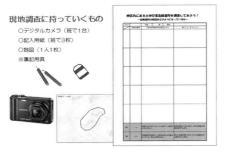

図3.2.1　現地調査の準備品

図3.2.2　現地調査：のり枠工の対策工事

図3.2.3　現地調査：床固工観察

図3.2.4　画像を利用したとりまとめ・発表

3.2 小学校に向けた危険箇所教育

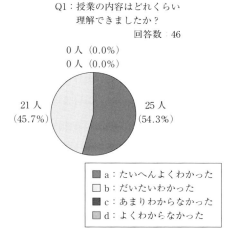

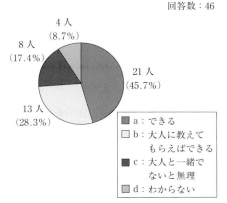

図3.2.5 山間部小学生のアンケート結果

(8%) の結果であった（重複回答可）．

「授業を聞いて，災害が起こりそうなときに，うまく避難することができると思いますか」の質問に，「できる」と答えた児童は21人（46%），「大人に教えてもらえばできる」と答えた児童は13人（28%）であり，おおよそ避難することができると考えられる（図3.2.5）．

避難所の位置や避難路に関しては43人（93%）の児童が「知っている」と答えた．また，「災害や避難することについて家族で話をしたことがありますか」では29人（63%）の児童が「ある」と答え，災害の関心が高いとともに授業の成果が表れたものと考えられる．

授業の感想として，「ぼくは授業を受ける前までは，この地域には災害が起こりそうな場所はないと思っていました．でも授業で，災害は危ないとわか

りました．現地調査をすることで，どこに災害が起こるかがわかりました．この町は山が多いので危ないということがわかりました」，「1グループに1人か2人の大人の人がついてくれて危険な所があれば，どのように危険か，どのあたりまで被害が及ぶかなどわかりやすく1つ1つ教えてくれたのでとてもわかりやすかったです」，「この地域にも危険な所がたくさんあることがよくわかりました．歩いて調べてみると，いろんな所に危険がいっぱいあることがよくわかりました．もし，起こったら家などがあまり壊されないようにいろいろ対策していて安心しました．けれど，対策をしていない所があるので危険だと思いました」といった声が寄せられた．

山間部の小学校の児童は全員が感想を書き，災害への関心は高いことがわかった．とくにこの地区では以前に河川被害が発生し，記憶にある児童もいたようである．しかし，児童たちは身近に発生している災害の実態をよく知らないのが実態のようで，今後も防災教育活動は必要であり，継続的な活動が重要と考えられる．

3.2.4 都市部小学校のアンケート結果

都市部の危険箇所調査では地震災害や浸水被害の危険箇所の具体的な場所を見つけて，写真を撮ったり，観察を行った（図3.2.6，図3.2.7）．GPS機能付きカメラは撮影場所，方向を具体的に示すため，通学路の危険箇所や自宅周辺の注意点などを認識することができたと思われる．

その後，学校に帰っての調査結果の整理，まとめ，発表も行った（図3.2.8，図3.2.9）．

現地で観察した危険箇所調査の内容項目について，あるクラスの結果をまとめたものを表3.2.3に示す．この表によると，地震を考えた場合には，道路から見ると壁，自動販売機，看板，電柱などが倒れるのが危険と感じるとともに，浸水では地下駐車場への水の流れを危険と感じているようである．

このように道路を歩くときにいろいろなものが危険物となることを現地で学んだことがわかる．

都市部の危険箇所調査を行った小学校3年生80人からアンケートの回答が届いた．アンケートの結果，授業内容の理解度として，「大変よくわかった」，「だいたいわかった」をあわせると98%の結果であり，理解したと思われる（図3.2.10）．「最近災害が起こ

図 3.2.6 現地調査：ブロック塀の観察

図 3.2.7 現地調査：浸水危険区域の調査

図 3.2.8 学校での整理とりまとめ

図 3.2.9 画像を利用したとりまとめ・発表

表 3.2.3 現地調査で観察した危険箇所

危険箇所調査内容	観察数
壁（ブロック積）が倒れる	4
窓ガラスが割れる	4
自動販売機が倒れる	3
電柱が倒れる	3
看板が倒れる	3
掲示板が倒れる	2
橋が倒れる	2
地下駐車場に水が入る	2
水が流れてくる	1
木が倒れる	1

Q1：授業の内容はどれくらい理解できましたか？
回答数：79

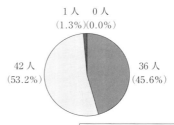

1人 (1.3%)　0人 (0.0%)
42人 (53.2%)　36人 (45.6%)

- a：たいへんよくわかった
- b：だいたいわかった
- c：あまりわからなかった
- d：よくわからなかった

Q5：今日の授業を聞いて，災害が起こりそうなとき，うまく避難ができると思いますか？
回答数：80

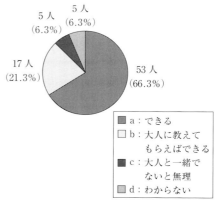

5人 (6.3%)　5人 (6.3%)
17人 (21.3%)　53人 (66.3%)

- a：できる
- b：大人に教えてもらえばできる
- c：大人と一緒でないと無理
- d：わからない

図 3.2.10 都市部小学生のアンケート結果

りそうだと感じたことがありますか」の質問には，「ある」と答えた生徒は 32 人（41%）と多く，関心の高いことがうかがえた．

「授業を聞いて，災害が起こりそうなときに，うまく避難することができると思いますか」の質問に，

「できる」と答えた児童は53人（66％）と多く，「大人に教えてもらえばできる」と答えた児童は17人（21％），おおよそ避難することができるとの結果であった（図3.2.10）.

避難所の位置や避難路に関しては63人（78％）生徒が「知っている」と答え，授業の成果が表れたものと考えられる．

授業の感想として，「町内を見回るときにいろいろな標識やブロック塀や看板があって1番危ないと思ったのは看板です．理由は看板が頭に落ちてくると頭が痛くなったり，けがをするからです．地震のときにどこに逃げたらいいか，どこに避難すればいいかなどすごくよくわかりました」，「災害，地震があるとき避難する場所を教えてもらったから安心しました．私は，もし家族の人がいなくても避難する場所がわかっているからちゃんと避難しようと思いました」など授業内容を理解している様子がうかがえた．

都市部の小学校の児童もほとんど防災教育の感想を寄せてくれた．また防災に関する作文を書く積極的なクラスも出てきた．小学3年生は一般にはまだ頼りないと思われるが，防災教育を通して関心を高こめれば災害に対する知識は深くなることが理解できた．しかし，児童は身近に発生している災害の実態をよく知らないのが実情で，今後も防災教育活動は必要であり，継続的な活動が重要と考えられる．

3.2.5　まとめ

山間部と都市部で危険個所調査を行った結果は次のようにまとめられる．
①今回GPS機能付きカメラを使い，現地調査を行い，具体的な崩壊箇所や対策の様子を見ることで，災害への関心，理解はさらに深まったと考えられる．
②災害の危険箇所が多いにもかかわらず実態を知らない子供たちが多く，地域の災害を軽減するためには防災教育は有効な方法である．
③防災教育も継続が必要であり，そのための地域ぐるみの対応や，より効率的，効果的な手法を検討する必要がある．

今回はGPS機能付きカメラを使って危険個所を調査したが，最近はスマートフォンにGPS機能の付いたカメラが内蔵されている場合もあることから，簡単に調査に使うことができるようになっている．地図上に撮影位置と方向，写真を一緒に表示すれば，今後もデータとして使うことができる．さらにこの方法はその後の変化についても調査により比較することができるなど，いろいろな分析や評価を行うこともできる．防災教育の現地調査手法として有効な方法である．

［山下祐一］

3.3 フィールドゼミと模型実験による児童への土砂災害教育事例

将来，児童が，行政などとの連携のもとに，自分の判断で的確な警戒避難活動を実施できるようになるためには，山地での流域の認識，渓流でのさまざまな土砂の移動原理や土砂移動履歴の把握による渓流の土砂移動頻度，規模の認識，土砂災害の発生原理，さまざまな砂防施設の効果と限界などを学習する必要がある．そのためには，土砂災害の防災教育手法について，さらなる改良が必要と思われる．例えば，まずはじめに「流域」の認識なくして，土砂の生産・流出・氾濫・堆積現象と人家などの保全対象の空間分布特性，災害発生との関わり合いを理解することはできない．山崩れや土石流が起きる前，起きた後の渓流中において，土砂や流木はどうなっているのか，それらはどのように生産され，流下，氾濫，堆積して土砂災害をもたらすのかなどの疑問を抱いて，実際に渓流の中を歩くことが何よりも重要であると思われる．模型教材についても，砂防堰堤があると土砂が捕捉された，砂防堰堤がないと下流域で氾濫して災害が発生するといったことだけではなく，どのような条件であれば砂防堰堤のどのような効果を期待できるのか，どこまで効果を期待できるのか，砂防堰堤のみならず，さまざまな砂防工種の組合わせによって，土砂はどのように制御されるのか，などをより総合的な視点から科学的に認識する必要がある．

児童に，どのような教材や言語を使って，どのようなメニューの構成で教育することが，土砂災害についての科学的知識を養い，いざというときの適格な警戒避難活動の実施につながるのか，その教育学的な方法論を構築することが重要となる．

3.3.1 土砂災害教育の目標

土砂災害教育においても，児童の脳の発達段階を意識し，対象に応じて教育の目標，方法，メニューを変えていく必要がある．例えば，小学生を対象とした土砂災害教育としては，まずは山崩れが発生した山腹斜面，土石流が流れた沢の中，沢出口下流の土石流氾濫区域，防災施設を自分の目で見ながら体験学習することが必要であると考えられる．さらに，実験教材を使って遊びながら，山崩れ，土石流の発生状況，治山・砂防施設の役割と限界を目で見て学習することは，現場での体験学習を補完するうえで効果的であると思われる．中学生においては，現場体験学習に加えて，実験教材を用いた実験演習によって，例えば，土砂移動現象の変化（勾配と土砂量，土砂濃度，土砂ハイドログラフとの関係など），砂防施設の効果評価などの研究課題を与えて，データ分析，発表，議論といった過程を経験することが理解を深めていくうえで効果的であるように思われる．

それらの学習プロセスを経て，以下の事項について児童が実践していけるようになることを土砂災害教育の目標とする．

①自宅の周りの土石流危険渓流などの土砂災害の危険な箇所を知っていて，普段からなにげなく気にする．

②大雨が降ると，土石流危険渓流という「流域」の中で，山が崩れ，土石流が発生する危険があることを認識し，また，土石流が発生した場合，どのあたりまで氾濫し，どのような危険があるのかを認知している．

③どのくらいの雨が降れば，そのような現象が起きる危険が高まるかという認識をもっている．

④簡易雨量計を製作して，家の周りに設置し，大雨時にはどのくらいの雨が降っているか自分で測る．

⑤雨の状況などを見て，早めの避難をしようという意識をもち，いつ，どこに，どのような手段で避難するのがよいのかを日ごろから家族と積極的に話し合う．

3.3.2 土砂災害教育方法（案）

前述の考え方に基づく土砂災害教育を実行するために，図3.3.1に示す教育方法を提案した．まず，「総合的な学習」などの時間において，対象とする学校（小学校，中学校）近辺の土石流危険渓流（近年，土石流などが発生した小流域が望ましい）などで，崩壊，土石流による土砂，流木の氾濫・堆積状況などを見学させるためのフィールドゼミを行うこととし，児童に「生の現場」を体感させる．砂防堰堤などの効果や，災害後の復旧状況も合わせて見学できる現場であることが望ましい．表3.3.1に，フィールドゼミでの課題（案）を示す．授業の目的と時間，現場の状況などに応じて，適宜，課題を変え

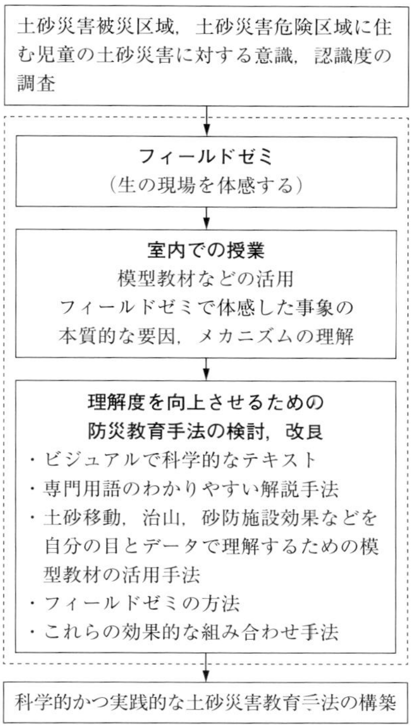

3.3 フィールドゼミと模型実験による児童への土砂災害教育事例

ていけばよいと思われる．その後は，教室で授業を実施し，フィールドゼミで体感した事象に関わる要因やメカニズムについて，模型教材を活用した実験演習により理解させる．図3.3.2に，筆者が製作した流域模型教材を示す．砂防教材としては，すでに流砂形態と砂防ダムの機能を科学的かつ視覚的に容易に理解させるためのものが提案されているが（水山他，1992），扇状地などでの土砂の氾濫・堆積過程，災害形態までは対象としていない．本教材は，小規模な土石流危険渓流をモデル化したもので，土砂生産部，土砂流下部，土砂氾濫堆積部からなる．土砂生産部，土砂流下部は，流路高：9.5 cm，流路幅6.7 cmの矩形断面を呈した長さ100 cmの流路で，その勾配を0°～40°まで変えることができる．氾濫・堆積部は長さ：50 cm，幅30 cm，勾配3°である．流路の最上端ならびに上流区間の流路底面より，最大毎秒約170 cm³の水を小型ポンプで供給できる．水供給によって，所定の区間に設置した土砂が崩壊して流動化し，土石流となって流下し，下流域の土砂氾濫・堆積部に流入，氾濫，堆積する．さまざまな種類の治山，砂防施設の模型（床固工群，

図 3.3.1 土砂災害教育手法（案）

表 3.3.1 フィールドゼミの課題と内容（例）

	課題（例）	内容
課題1	流域とはなにか	流域界を認識させるために，地形図にゼミの対象とする流域の境界線を書かせる．ついで，流域の中で山，河道，扇状地，家屋，畑・酪農地などの生産地，道路などがどのように分布しているのかを認識させる．
課題2	流域の中でも特に山の中はどのようになっているのか	山の主要な地形構成要素である「河道」と「山腹斜面」（勾配など）を認識させる．山腹斜面の構造（樹木と草本，森林土壌，基岩の存在），山腹斜面の土層構造，崩壊した山腹斜面の実際，沢での土砂，流木の堆積状況（土砂の粒度のひろさ，流木の長さと径）を実感させる．
課題3	山ではどのような土砂移動現象が発生するのか	山腹斜面での土砂移動（表層崩壊，深層崩壊，地すべり），沢での土砂移動（土石流）の実態を観察させる．山腹斜面で発生した土砂が河道にも流れ込み，河道内を流下している場合があることを認識させる．
課題4	発生した土砂，流木はどのように流れて，どのように氾濫しているのか	土砂の発生区域，流下区域，堆積区域の認識（縦断勾配との関係），沢の中での土石流堆積物の露頭観察（大小様々な石がランダムに堆積している状況など），土石流の発生区域近傍や下流の流下区域で渓床の堆積物が侵食され基岩が露出している状況（土石流後続流による渓床の侵食実態），流木ダムの形成実態，流木の氾濫実態，扇状地での土石流堆積物の侵食によるさらなる下流への土砂流出（土砂流）などを実感させる．
課題5	土砂や流木の移動によってどのような危険が生じるか	扇状地での土石流，土砂流の堆積状況（堆積深），家屋，道路の埋没などによる被害状況を観察する．
課題6	自分の家近くの流域で過去に発生した土砂移動現象の種類，履歴，規模を現場でどのように読み取るか	樹木の年代指標（一斉林，不定根など）を活用した土砂移動履歴と規模の認識方法，土砂の堆積物の見方（土石流，土砂流などの堆積物の認識方法），自分の住んでいるところ，毎日利用しているところでの土砂移動の歴史の認識方法について説明する．
課題7	治山・砂防施設の役割	治山・砂防堰堤などの見学時に，「なぜこのような施設が必要なのか」，「流域の中でどのような効果を発揮することが期待されるのか」などを説明する．

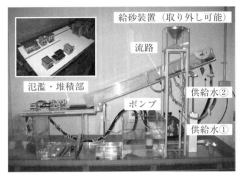

図 3.3.2 流域模型教材（左上の写真は，氾濫・堆積部に遊砂地と流路工を組み合わせた事例）

不透過型堰堤，透過型堰堤など）を土砂流下部ならびに土砂氾濫・堆積部に設置することができる．

「科学性」，「ビジュアル性」，「可搬性」がポイントである．さまざまなタイプの砂防施設によって土砂の制御効果はどのように異なるのか，また，流出土砂の濃度（図 3.3.2 に示す土砂供給装置下端の排出口の開口程度を変えることによって変化させる）によって砂防堰堤の調節効果がどの程度変わるのかなどを，視覚的に容易に理解できる．加えて，バンに積載できる大きさとして，実験演習の場を選ばないようにした（ただし，ポンプ駆動のためには AC 100 V 電源が必要）．

本教材を用いたさまざまな演習としては，表 3.3.2 に示す内容（児童の学年のレベルに応じて課題を変える）が考えられる．とくに重要なことは，「エンターテイメント的な見世物」を目的として，過度な量の土砂や水を与えたり，異様に長い時間で水を供給し続けたりするなど，非現実的な現象を作り出さないことである．例えば，流路内で土石流を発生させ，それが下流域に土石流堆積地を形成した後も，長い時間で水を供給し続けると（上流から土砂を与えない限りにおいて），堆積面はどんどん侵食されていくが，現実の小渓流で発生する土石流の土砂ハイドログラフの継続時間はきわめて短い．不透過型砂防堰堤を未満砂状態で流路下端に設置した後，土石流を発生させ，堰堤を満砂状態（洪水勾配で堆砂）にした状態で，上流から水のみを与え続けると，洪水勾配で堆砂した面は侵食され続け，平衡勾配まで低下する．現実には，土石流堆積直後の後続流によって洪水勾配で堆積した面が，平衡勾配まで一気に低下することはなく，土石流は堰堤に堆積した直後の状態で残存している場合が多い．また，表 3.3.2 の演習 2 で対象とする山崩れは最もシンプルな条件下での事例であって，現実的には，透水係数，粒度の三次元的な異方性による浸透水の挙動の非定常性，浸透水の岩盤への染み込みと土層への復帰，

表 3.3.2 実験演習による課題と内容（例）

	課題	内容
演習 1	土石流扇状地の形成	上流から土砂を流して，流路末端での勾配変化点下流に扇状地が形成されていく状況（首ふり現象による流路変更，扇状地の拡大）
演習 2	山崩れ（崩壊）	山崩れの一つの発生形態として，地下水位上昇による山腹斜面土層内部の間隙水圧の増大，含水率の増大による山腹斜面土層の重量増加などによって，山腹斜面土層のせん断抗力が低下し，崩壊する．
演習 3	山崩れ→土石流の発生，流下，氾濫・堆積現象	山が崩れて土石流（泥流）が発生し，下流の勾配が緩くなったところで氾濫・堆積する．流路の勾配が緩いと土石流として流下せず，土砂の濃度の低い土砂流（洪水のような流れ）になる．
演習 4	流路勾配による土砂の流れ方の変化（各個運搬⇒集合運搬）	水と土砂が渾然一体になって流れる集合運搬の形態と，石礫が水中を転動，滑動，跳躍しながら流れる各個運搬の形態を，河道での堆積物の露頭から理解する．同じ流域でも勾配の違いによって，二つの運搬形態があることを理解する．
演習 5	土石流による災害形態（土石流本体部，後続流，流木，流水）	本体部による直撃，堆積した土石流本体部の二次侵食による土砂流出，流水による被害
演習 6	治山，砂防施設空間（様々な施設の組合わせ）による土石流の制御	・床固工群による渓床堆積物の侵食軽減 ・様々な砂防施設の効果と限界 ・不透過型堰堤が満杯になった後（洪水勾配形成後）の土砂流出に対して，ある程度役割を果たす場合（調節効果が発揮される場合）と果たさない場合があることの認識． ・土石流を捕捉し，通常時は魚などの移動に支障を与えることの少ない「透過型堰堤（格子型堰堤）」の土砂捕捉効果 ・掃流区間に設置される堰上げタイプの透過型砂防ダムの土砂調節効果

土中パイプの閉塞，間隙水圧の局所的な上昇や土中パイプからの地下水の噴出による侵食などの複雑な要因が絡み合っている．そのようなことまでは本流路教材では再現できないので，あくまでも1つの簡略化された条件においての演習であることを認識させることが必要である．

フィールドゼミ，授業の中で，アンケートを実施し，それらの授業の効果を評価し，問題点の抽出，改善点の整理を行う．このようなフィールドゼミと授業を継続的（例えば，毎年1回の頻度）にくり返し，児童の理解度変化のモニタリングを行っていくことで，防災教育手法のレベルアップを図る．

3.3.3 土砂災害被災区域での授業研究の実施

平成15年（2003）8月の台風10号によって甚大な被害が発生した北海道日高地方厚別川流域内新冠町管内の3つの小学校を対象として，平成17年（2005）5月と6月に，前述の教育手法に基づく授業を学校ごとに実施した．各小学校ともに，フィールドゼミは1.5時間，室内での実験演習1.5時間，計3時間の時間割とし，総合学習として実施した．

(1) フィールドゼミの内容と方法

フィールドゼミのメニューとしては，「流域」，「土砂流出・氾濫・堆積の理解」，「表層崩壊の理解」，「土砂，流木の堆積状況の理解」，「治山施設，砂防施設の理解」とした．

「流域」，「土砂流出・氾濫・堆積の理解」については，まずはじめに斜め写真を用いて，対象とする渓流の「流域」の形，大きさについて説明した．ついで，流域モデル（集水域と氾濫域を組み合わせたもの）を用いた簡易な降雨実験（図3.3.3）により，集水域に降った雨は，その中の土砂とともに氾濫域に流出すること，集水域外に降った雨は氾濫域への流出に寄与しないことを観察させたうえで，「流域」は「お盆」にたとえられることを説明した．そして，そのような流域の中で，山腹崩壊，土石流が発生し，土砂が下流に流出して，谷出口より氾濫・堆積すること，そして，そのような土砂氾濫・堆積が何回も繰り返して発生することで扇状地ができたこと，扇状地は，人間の生活，生産の場として利用されてきたこと，したがって，扇状地は，土砂災害の危険があることを斜め空中写真（崩壊，土砂流出，土石流，扇状地の形成を示すもの）を用いながら理解させる

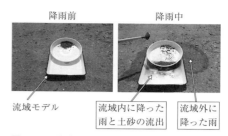

図3.3.3 流域認識のための流域モデルを用いた簡易な降雨実験

ことを試みた．

「表層崩壊の理解」については，児童に傾斜計（クリノメーター）で斜面の勾配を計測させるとともに，滑落崖側面から森林の土層構造（基岩の上に表層土がのっている構造）を観察させ，表層崩壊は傾斜の急な基岩を境にその上の表層土壌が崩れる場合が多いことを説明した．

日高地方で発生した表層崩壊の場合，崩れた表層土の深さは平均で数十cmからせいぜい50cm程度であることを児童に計測させた．さらに，崩れた土砂の一部は崖錐（がいすい）（崩れた土砂が斜面下部に円錐状に堆積した地形）を形成し，それ以外は河道に流出していることを説明した．また，森林区域でも崩壊は発生していることを災害前後の空中写真の比較によって理解させた．

また，2003年台風10号の雨（累積雨量：343mm）では，表層土は飽和に近い状態になってしまい，崩壊が発生する危険が高まることを理解するための簡易な野外実験演習を行った．崩壊斜面の滑落崖近傍の表層土（地山）から採土缶で不撹乱試料を採取し，土（液相，気相の質量を含む）の質量を料理用計量秤で計測した．それを水浸させて飽和状態に近い状態とした．そして，その試料をフライパンに移し，飽和状態に近くなると，土砂は容易に流動化して流れることをフライパンを傾けることによって見せた（図3.3.4）．

さらに，フライパン内の土砂をキャンプ用バーナーで熱して完全に乾かし，土だけの質量を測り，採土缶で採取した土を飽和状態にした場合の水の質量と体積，採土缶で採取した土の体積に占める水の体積の割合（含水率）を計算させた．そのうえで，表層土の平均的な厚さから，それが飽和状態になる場合に必要な雨の量を計算させた．

図 3.3.4　森林表層土の飽和時の流動性を示す野外実験

　最後に，2003 年 8 月の台風時の推定崩壊発生時刻までの累積雨量（災害後の住民からのヒアリングから求めた値：200〜250 mm；山田，2004）と比較させた．水浸させた土壌試料の含水率は約 50% となり，表層土の厚さを約 40 cm とすると，大まかには約 200 mm の雨で表層土が飽和状態に近くなると考えられること，このように試算した雨量の値は，実際の崩壊発生時刻までの累積雨量値に近いことを説明した．

　土砂，流木の堆積状況の理解については，崩壊によって流動化した土砂の一部が河道沿いに堆積している場所で，堆積物をスコップで流れ方向に掘削し，土石流堆積物を観察させた．土石流の場合は，大きな石も小さな石も渾然一体となって堆積している場合が多いことを説明した．さらに，児童にクリノメーターで河道の勾配を計測させ，土石流が流れた渓流の勾配を認識させ，室内での実験演習「勾配による土砂の流れ方」と関連させるように説明した．

　治山施設，砂防施設の理解については，対象とした流域の下流に設置されていた治山ダム，砂防堰堤を見学し，それらの堆砂地に土砂や流木が堆積し満砂状態になっていること，土砂や流木の一部はそれらの施設を乗り越えて流下していることを認識させた．

　ちなみに，児童への説明はできる限り平易かつ簡潔に行うことように心がけたが，専門用語（砂防ダム，崩壊，土砂，土砂災害など）は意味を教えたうえで，あえてそのまま使用した．例えば，「流域と生活・生産空間としての土石流扇状地」については，下記のように説明した．「みなさんは，「流域」というお盆の中に住んでいます．昔から大雨や台風によって，お盆である流域の中では，山の斜面が崩れ，崩れた土砂，流木が，「土石流」となってふもとで氾濫し，土砂のたまった場所である「扇状地」がつくられてきました．そのような扇状地は，みなさんの生活や農業，酪農などの場所として利用されてきました．みなさんは，土石流がつくった扇状地のうえで生活しているのです．そのため，扇状地で土砂が氾濫した場合は，大きな「土砂災害」に結び付く危険があります」．

　崩壊斜面近傍から採取した土の試料の空隙率を大まかに調べる際には，小学校教員の助言をもとに，例えば，空隙，飽和状態，体積（小学校では教えていない）という言葉は使用せず，おのおの，「穴」，「土の穴に水が全部入った状態」，「かさ」といった表現を用いた．

(2) 室内での実験演習の内容と方法

　室内（各小学校の教室）では，流域教材を用いた実験演習と自分ですぐにでもできる実践的な警戒避難手法についての講義を実施した．実験演習では，フィールドゼミとの関連性をもたせるために，崩壊，土石流の発生，土砂の氾濫・堆積による土砂災害，治山，砂防施設の効果と限界について，下記の実験 1〜5 からなるメニューの構成とした．

　実験演習の状況の事例を図 3.3.5 に示す．

・実験 1：山崩れの発生のしかた
・実験 2：土石流の発生，流下，氾濫のしかた（土石流のビデオ映像による補足説明を付加）
・実験 3：土砂の流れ方（勾配の増加による土砂移

図 3.3.5　実験演習の状況

動形態の変化）
・実験4：無施設の場合の土石流，二砂流による災害
・実験5：施設の効果と問題点
  ・ケース1：不透過型砂防堰堤の容量が流出土砂量に比して小さい場合，土砂はあふれてしまう実験
  ・ケース2：谷の出口に不透過型砂防堰堤だけが設置されている場合，その容量が流出土砂量に比して大きければ土石流は捕捉されるが，後続流は堰堤を越流し，下流域で氾濫してしまう実験
  ・ケース3：不透過型砂防堰堤が満砂状態のままで放置すれば，次の土石流は捕捉されないので，除石による維持管理が必要になることを認識するための実験
  ・ケース4：不透過型砂防堰堤と流路工を組み合わせた場合，後続流の氾濫は防止できるが，土砂の流出量が多い場合は，流路工内で土砂が堆積し，河積が小さくなって後続流が氾濫する実験
  ・ケース5：不透過型砂防堰堤とその直下に遊砂地，流路工を組み合わせると，土石流を制御できる実験
  ・ケース6：不透過型砂防堰堤よりも透過型砂防堰堤のほうが，堰堤の容量維持の面で有利であり，開口部の適切な設定によって，土石流の捕捉効果も十分に発揮される実験

ついで，砂防堰堤などの建設によるハード対策のみでは物理的に限界があるために土砂災害を防止できない場合があるので，これらの対策とあわせて一人一人の警戒避難が重要であることを説明した．警戒避難としては，平常時からの心構えとして，危険区域であることの普段からの認識と避難場所，避難路の確認，緊急時でのラジオ，テレビなどによる行政からの情報（大雨情報，土砂災害警戒情報，行政の警戒避難，避難勧告情報）の集め方，崩壊や土石流などの前兆現象らしき異変情報について説明した．さらに，行政からの情報のみに頼るのではなく，自分で雨を計測し，早めの避難をすることの重要性を強調した．その際，牛乳ビンでも雨量計として利用できることを実演し，フィールドゼミで学習した表層崩壊の発生限界雨量として，例えば200 mmの雨は，ビンや缶に20 cmの深さで水がたまった状態であることを実演し，説明した．さらに，避難するときの注意点として，例えば途中の小沢，支川から土砂や水が流出して道路が不通になり，孤立して避難できなくなる場合があるので，普段から避難場所までの経路を調べておくこと，避難場所まで避難できない場合の手段として近隣の高台や2階へ避難するなどの方法があることを説明した．

[山田 孝，井良沢道也，佐藤 創]

参考文献

水山高久，Untung Budi Santosa，福原隆一（1992）：砂防流砂実験水路による流砂形態と砂防ダムの機能に関する実習，砂防学会誌45（4），30-32.

山田 孝（2004）：厚別川山地での土砂・流木生産とそれらの支川・本川河道への供給実態と特性，平成15年台風10号北海道豪雨災害調査団報告書，土木学会水工学委員会，66-82.

山田 孝，井良沢道也，佐藤 創（2006）：フィールドゼミと模型教材の組み合わせによる児童への土砂災害教育手法，砂防学会誌，59（3），13-22.

3.4 リスク・コミュニケーションを念頭においた土砂災害教育プログラム

リスク・コミュニケーションとは、「個人、集団、集団間での情報や意見のやりとりの相互作用的過程」と定義されている（National Research Counsil, 1989）。従来の土砂災害教育においては、リスク情報の発信者（教員や技術者など）が、情報の受け手である児童・生徒に一方的に知識をつけさせる授業が主流であった。そのため、情報や意見のやりとりの相互作用が発生しにくく、単純な知識の付与が行われるのみであった。情報（知識）の受け手側が、災害を自分の身に起きるものとして認識しない限り、発災時においても、受け身の行動をとりがちになり、結果として避難しない、逃げ遅れるなどのリスクが増加する。

また、近年の少子高齢化に伴い、とくに地方では発災時における自助・共助が難しくなってきている現状もあり、地域社会において、児童・生徒と地域住民との間に「顔の見える関係」を事前に構築しておくことも重要となってきている。そこで情報発信者と情報の受け手となる児童・生徒間の相互作用のみならず、児童・生徒が地域への情報発信者となり、地域住民を巻き込んだ、言い換えるならば学校を中心とした災害に強いコミュニティづくりが進められている。

本節では、岩手県岩手町立川口中学校における実践例を紹介する。

3.4.1 研究背景

図3.4.1に本研究対象である岩手町の位置図を示す。

岩手町内には、北上川をはじめ、複数の中小河川が流れており、地形条件からも土砂災害や河川氾濫が生じやすい。

平成22年（2010）7月17日には、岩手町の北西部にあたる尾呂部地区において、1時間あたり80mmを超える集中豪雨が発生し、小規模な表層崩壊が多発、一部は土石流となり家屋被害が生じた（岩手町、2010）。さらに横沢川と北上川との合流付近において洪水氾濫が発生し、横沢川流域全体で甚大な被害が生じた。加えて、集中豪雨の発生時間帯が夜間であったことから、浸水被害に加え、停電が複数箇所で発生し、停電時における避難誘導や救助方法などの課題を残した。

岩手町は盛岡市と隣接していることから、昼夜人口の変動が大きく、平日の日中は相対的に災害時要支援者の比率が大きくなる地域である。また、人口減少も緩やかに進行し、昭和50年（1975）当時21,725人だった人口も、平成22年（2010）には14,984人まで減少している（平成22年度国勢調査）。したがって、平日の日中に災害が発生した場合、中学生が自助・共助の主体となることが期待されている地域である。

3.4.2 学習目標

防災学習を開始するにあたり、事前に教諭らへのヒアリングを行った。その結果、学区内における2010年7月豪雨災害の認知度はそれほど高くない、また、地域内での世代間交流は積極的には行われていないなどの問題点が明らかとなった。

そこで、1年生に対しては、学区内でも豪雨に起因した土砂災害・洪水災害が発生する可能性があること、2年生に対しては、地域の地形的特性を理解すること、3年生に対しては、地域の社会的構造を理解し、地域における自分たちの立場を考えてもらうことを学習のコンセプトとしたプログラムを作成することとした。

また、可能な限り、すべての学習時間に地域の大人にも参加してもらい、世代間交流を図ることができるように授業プログラムを設計した。さらに、学習はすべて班ごとに行い、各班には大学生をファシ

図3.4.1 岩手町位置図

学習目標	1年生 災害を知る	2年生 地域を知る	3年生 地域を守る
1学期	防災対応カードゲームクロスロード		
2学期	簡易キットを用いた土石流再現実験（伊藤他，2007）		避難時要援護者体験地域防災マップ作成
3学期		アクリル板を用いた地域立体マップの作成	

図 3.4.2　学習目標と学習内容

図 3.4.3　簡易土石流シミュレーションの実施状況（1年生）

リテーターとして1名ずつ配置した．ファシリテーターとは，会議やミーティングの進行役で，作業や議論の円滑化を保持した．

図 3.4.2 に学習目標と実施内容を示す．

3.4.3　全学共通プログラム

2013年度は実施初年度であることから，全学共通プログラムとして，防災対応カードゲーム「クロスロード」（矢守他，2005，吉川他，2009）を導入し，災害に対する意識を共有した．なお，クロスロードに用いた問題は，吉川他（2009）を中心に，矢守他（2005）から中学生でも状況が想像しやすい問題を適切に抽出して使用した．

2014年度は，クロスロード未経験の新1年生に対してのみ実施した．

3.4.4　1年生に対する授業プログラム

上述したとおり，1年生に対しては「災害を知る」ことを学習目標としていることから，地域で発生する災害の特徴を理解することに重点を置いた．具体的には，2010年に同町横沢地区で発生した豪雨災害を例に，川の上流部や急傾斜地では土砂災害が，中流部から下流部では洪水が発生しやすくなることを理解の到達点と設定した．

この際，伊藤他（2007）が開発した簡易砂防計画作成キットを用いた簡易土石流シミュレーションも実施した（5.5項参照）．

3.4.5　2年生に対する授業プログラム

2年生に対しては，自分の住む地域の災害リスクを理解してもらうことを目標とした．

具体的には，事前に等高線ごとに切り出したスチレンボードを用いて，地域の立体地図を作成させ，地形の特徴を書き出させるとともに，平成19年（2007）3月に発行された岩手町防災マップと比較をさせ，学区内の土砂災害危険箇所や，防災マップに記載されていない箇所でも土砂災害のリスクがあることを学んだ．

3.4.6　3年生に対する授業プログラム

3年生には，災害時要援護者の避難シミュレーションを通して，災害時要援護者の避難支援の際の問題点を書き出し，問題点を地図上にプロットする作業を行った．

具体的には，班ごとに車いす，松葉杖，高齢者体験セット（白内障ゴーグル，拘束具など），妊婦体験セットを配布し，これらを順番に体験しながら，町内の主要箇所から一次避難所である川口中学校まで実際に歩かせた．その際，自分たちが危険だと感じた箇所を地図上に記載させ，後ほど災害時要援護者支援マップとしてまとめさせた．また，町内会長や地域住民にも参加を呼びかけ，一緒に歩いてもらうことで異世代間交流の促進も図った．

3.4.7　現状の問題点

本プロジェクトは2013年度から開始したため，現時点においては目に見える効果はでていない．しかしながら生徒の感想文では，「土砂災害危険箇所を意識して通学するようになった」など，生徒の意識変容を示唆する文章も多数認められるようになってき

図3.4.4 立体地図作成状況（2年生）

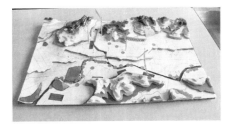

図3.4.5 完成した立体マップ
（口絵参照）

図3.4.6 災害時要援護者体験の様子（3年生）

ている．

東日本大震災以降，防災教育の社会的関心が非常に高まり，学校教育の場においてもその需要は増加している．

一方，学校現場では，防災教育の必要性は十分認識されているものの，防災教育を行うことのできる教師の不在や，防災教育にあてる授業時間確保の問題などから，外部講師を招いての単発的な防災学習で終わってしまうことが多い．

さらに，防災学習に求められる内容も大きく変化しており，単なる知識やスキルの習得から，「災害を生き抜く力の修得」（矢守他，2007），「自然と共生する意識の育成」（小山，2001）への変化が求められている．

これらの内容を単発的な防災学習で習得させることは難しく，持続的な防災学習プログラムの構築が求められている．

今回われわれが実施した防災学習プログラムは，一般の学校教師でも，通常の授業準備程度の作業で持続的に防災授業に取り組むことができる，平易な防災学習プログラムの構築を目指している．そこでは，作業や体験を通して，教師，生徒どうし，地域住民とのコミュニケーションを誘発し，さらに地域に潜在するリスクを生徒自らが見つけることにより，災害も地域の一部分であることを能動的に理解する姿も認められた．

今後は，例えば中学生が3年間かけて学んだことを小学生に出前授業を行うなど，防災学習を核とした防災コミュニケーションを積極的に展開し，防災地域づくりを意識した授業開発プログラムの検討を進める必要があると考えられる． ［伊藤英之］

参考文献

伊藤英之・清水武志・松下智祥・小山内信智・鴨志田毅（2008）：土砂災害に関する理解促進を目的とした普及・啓発ツールの開発とその効果，平成20年度社団法人砂防学会研究発表会概要集，522-523．

岩手町（2010）：広報いわてまち，2010年8月1日号，vol. 614, 19p.

小山真人（2005）：火山に関する知識・情報の伝達と普及―現在の視点でみた現状と課題―．火山，50，289-317．

矢守克也・諏訪清二・舟木伸江（2007）：夢見る防災教育．晃明書房，255p．

矢守克也・吉川肇子・網代 剛（2005）：防災ゲームで学ぶリスク・コミュニケーション．ナカニシヤ出版，175p．

吉川肇子・矢守克也・杉浦淳吉（2009）：クロスロード・ネクスト，続：ゲームで学ぶリスク・コミュニケーション．ナカニシヤ出版，223p．

National Research Council, (1989)：Improving risk communication. Washington DC：National Academy Press.

3.5 地すべりを知って安全に暮らす—山間地の中学校での地すべり学習会

3.5.1 土地を診よう—地すべり減災における住民参加の視点

　地すべりは，重力に起因して土地の一部が塊状になってすべる現象で，移動する土地の塊を移動体，移動体と不動地盤の境界をすべり面という．地すべりは，大きく滑動すると人命に影響するような甚大な被害をもたらす．一方で，融雪期や大雨のたびに地面にできた亀裂が大きくなったり土地が徐々に傾いていくなど，ゆっくりと移動を繰り返すような地すべりもある．図3.5.1は，地すべり現象の移動速度と規模による分類を示している．土地の動きが年間1cmに満たないものや目で見てわかる速さのも，規模も幅が数m未満から1kmを超えるものまで現象はさまざまである．

　地すべりが大きく滑動する前には，その土地がすでにゆっくりと動き始めていることがあり，その場合，地鳴りや根の切れる音がする，斜面から小石が落ちてくる，などしばしば前兆現象が現れる．このため，地すべりでは早い段階でそれを発見して，避難するあるいは応急対策を講じることによって災害を減らすことができる．そこで，住民や土地の利用者が日ごろから地すべり地やその危険のある斜面に注意を払い，早期に前兆現象を発見することが有効な減災対策となる．

　図3.5.2は，ヒマラヤの王国ブータンの山岳道路で見られた地すべりによる擁壁の亀裂である．周辺斜面には棚田が広がり，そこを耕す農民は毎日のように土地を見ている．この亀裂がいつ頃でき，また拡大したかを農民から聞き取ることができた．その情報から地すべりの活動性がわかり，地すべり災害対策の検討に役立てられる．このような住民のもつ地すべりに関する情報は，わが国においても土砂災害防止にきわめて重要である．例えば，山間奥地での地すべりやその前兆の早期発見は，大規模な滑動やそれが土石流化して下流に大きな被害をもたらすのを防ぐことにつながる．また，地すべり常襲地帯では，地すべりに関する言い伝えや伝統的な地すべり対策技術が存在することがある．

　山形県最上郡大蔵村滝ノ沢地区は，冬の最大積雪が3mに及ぶ豪雪地帯にあり，集落や棚田が地すべり防止区域内に広がっており（図3.5.3），融雪期には地すべり被害が発生しやすい．平成20年度の農林水産省東北農政局と弘前大学の合同調査で，住民は，農作業，水路や農道の維持管理などで地すべり防止区域内に入ることが多く，おもに春・秋の季節は山菜・キノコ採りで周辺の山林に入ることがわかった．そして，住民が地すべり現象が見られていた農地を通って，山菜とりのために背後の山林に入った際，斜面に新しい亀裂や陥没を発見した（図3.5.3）．この情報がきっかけで山形県の調査で地すべりの移動範囲を的確に把握することができ，地すべり防止対策計画に役立った．

　融雪や豪雨によって多量の水が地下に浸み込み地中の間隙水圧を上げるとすべり面での摩擦抵抗が小さくなり，地すべりが発生しやすくなる．滝ノ沢地区での融雪期は3月〜5月上旬となる．住民が日常生活の中で地すべり地に入る時期と範囲を調べてみると，融雪終了期や秋雨期に農業用水路の保守作業，

速度階	用語	規模（幅, m）		速度 (mm/秒)	速度（x/秒〜x/年）	
		$10^{-1}\ 10^0\ 10^1$	$10^2\ 10^3\ 10^4\ 10^5$			
7	極めて速い	小規模・高速 例：崖くずれ	大規模・高速 例：山体崩壊	$5×10^3$	5 m/秒	
6	非常に速い			$5×10^1$	3 m/分	
5	速い			$5×10^{-1}$	3 cm/分	
4	中庸			$5×10^{-3}$	3.5 mm/分 1.8 cm/時間	目で見て分かる動き
3	遅い	小規模・低速 例：表層クリープ	大規模・低速 例：地すべり（狭義）	$5×10^{-5}$	1.6 m/年	2 mm/時間 避難が必要
2	非常に遅い			$5×10^{-7}$	16 cm/年	家屋に徐々に亀裂が入る
1	極めて遅い				1.6 cm/年	

図3.5.1 地すべり現象のさまざまな移動速度と規模（地すべりに関する地形・地質用語委員会編，2004，改変）

図 3.5.2 ブータンの道路で見られた地すべり地（上）（破線の奥が矢印方向に動いている）と亀裂（下）

図 3.5.3 山菜採集の経路で発見された亀裂・陥没の位置（山形県大蔵村滝ノ沢地区）（嶋崎，2008）

雪融け直後に山菜とり，秋にキノコとりを行うので，その際に地すべり現象や前兆現象が発見される可能性がある．ただし，融雪の最も進む時期は，まだ多くの斜面が雪に覆われ集落や道路の周辺以外での発見可能性は低い．5〜10月には，農作業に向かう際に地すべり現象の早期発見が可能である．このような住民の目を有効に活用し，地すべり防止区域の日常点検や異常気象発生時などに緊急点検を行うために，豪雪地帯で地すべりの多発してきた新潟県や山形県では，地域や地すべりに詳しい巡視員を配置している．また，農林水産省では住民でできる地すべり対策の手引き（農林水産省，2008）をまとめている．

3.5.2 地すべり親子学習会の試み—山形県月山山麓での事例

(1) 地すべり学習会の背景と趣旨

地すべりでは，同じ斜面が移動と停止をくり返す，緩慢に移動を続ける，といったケースが多い．そのような活動の結果，過去に地すべりを生じてきた斜面では，その動きによってすべり面最上部が地表にむき出しになった滑落崖や，移動してきた地塊である移動体が存在することが多い．そして，移動体では地すべりの複雑な動きの結果，しばしば地表が凹凸に富んだ地形をなす．以上のような特徴をもつ滑落崖や移動体が，いわゆる地すべり地形をなしている．このため，地すべり地形をなす斜面の分布を調査することは，地すべり発生危険箇所を把握する重要な手段となる．また，土地が滑り落ちるような速度の大きい地すべりになる前には，前兆現象を生じさせる．

地すべり災害に対する地域防災力の向上には，その土地に住むあるいは関わる人が，地すべりの危険な場所を知って，そこでの前兆現象に注意を払い，異常を発見した場合は，すみやかに防災関係機関に通報するあるいは避難するという防災行動をとれるようにすることが有効である．

山形県西部の山間地は日本有数の豪雪地帯のうえ，新第三紀の軟質な堆積岩やその上に火山体が存在するなど，地すべりの発生しやすい地帯となっている．その中で，出羽三山の主峰月山（がっさん）（1,980 m）の南麓に位置する西村山郡西川町（図3.5.4）には，温泉と登山や夏スキーの拠点として志津集落がある．

志津地区では，平成21年度から，国土交通省東北地方整備局新庄河川事務所（以下，新庄河川事務所と呼ぶ）によって地すべり防止対策事業がなされている．同事業での調査の結果，深さ100 mを超える大規模な地すべり地の存在や，融雪期に地すべり移動が活発化することがわかってきた．このため，地下水を排除し地すべりを安定化させる集水井など

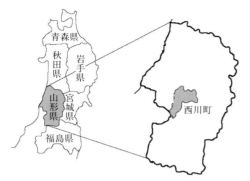

図 3.5.4 山形県西川町の位置

の設置が進められている．

並行して，新庄河川事務所と西川町では懇談会を設置し，志津地区の豊かな自然や歴史を活用したエコツアーや地域防災力の向上などの検討を行った．その中で，弘前大学農学生命科学部山間地環境研究室では新庄河川事務所と協働し，志津地区を地すべり学習の場として，西川町立西川口学校の 3 学年生徒を対象とした地すべり学習会を企画した．平成 23 年度に実施した西川中学校全生徒へのアンケート調査で，生徒の 4 分の 3 は地すべり災害への関心が低いことがわかっていた（檜垣・廣部，2012）．そこで，理科・社会の学習内容の延長として，地すべり防災を学習するのが効果的と考え，理科学習単元にある「火山」と関連させ，月山火山についての学習も取り入れた．学習では，月山の自然や歴史・文化を学ぶ山形大学の月山マイスター講座を修了した人にも講義をしてもらった．以下，その実施内容と受講者へのアンケート結果を紹介し，中学校での地すべり防災教育の方法についても述べる．

(2) 学習会の内容

西川町は，月山・朝日連峰を含む海抜 100 〜 1,980 m の山岳地帯とそこから流れる寒河江川沿いの狭い平地部からなり，面積 393.2 km^2，人口 6,220 人（平成 25 年（2013）現在）（西川町，2013）の町である．西川中学校は，生徒数 145 人（平成 25 年（2013）現在）で，町の中心に近い平地部に位置する．同中学校では毎年夏休みに月山周辺の自然や歴史を学ぶ PTA 主催の親子参加行事が行われており，その 1 つとして平成 25 年（2013）8 月 10 日に，志津地区地すべり地での地すべり現地学習会を行った．

図 3.5.5 に，現地見学のコースとおもな学習内容を示した．参加者は，3 学年生徒 46 人，保護者 37 人，教員 5 人である．講師は，月山火山について月山マイスター講座修了者が，地すべり一般論を筆者が，地すべり調査・対策工を新庄河川事務所職員が務めた．また，志津地区にある沼と地すべりの関係については，筆者の研究室所属の 4 年次学生が説明した．

学習会は午前 9 時から 12 時までで，まず月山の火山活動と志津地区のでき方，「地すべりとは」の室内講義を，地すべり地に近い西川町の施設である屋内運動場で行った．地すべりと崩壊・土石流の違い，とくに塊状をなして滑ることや移動の速さの違い，地すべりでできる地形について説明した．

その後，人数が多いことから 2 班に分け，図 3.5.5 に示すコースを徒歩で移動しながら現地見学を行った．地点 A では，現在も活動中の地すべりで滑落崖を見学し，そこに育っているブナの幹が地すべりで傾いてきていること，また志津地区で旅館を営む人から，かつて樹木はまっすぐ育っていたことが説明された（図 3.5.6）．また，地盤伸縮計での地すべりの観測と数年間の移動量の推移をグラフで示した．

その後，地点 B で集水井を，地点 D では横ボーリング工を見学した．講師から，これらの施設が地すべりの原因として重要な地下水を排水していることが説明され，参加者は集水井内の集水ボーリングから地下水が出ている状況をのぞき込み，また，横ボーリングの孔からどの位水が出ているかを確認した（図 3.5.7）．

地点 C では，地すべり地を流れる荒廃渓流に設置された砂防堰堤を見学し，その設置目的や地すべり地にあるため変形にも耐えられるようにコンクリートブロックを組んだ堰堤にしていることを学んだ．その後，県道やその脇の渓流護岸工に生じた地すべりによる亀裂を観察した．

最後に，志津地区の景勝地となっている五色沼（地点 E）を見学し，それが過去の地すべりでできた凹地に表流水などが流れ込んで沼になっており，地すべり地には豊かな自然環境が形成されることも学んだ．

(3) アンケートからみた地すべりへの興味・理解度

参加者の学習内容への理解度や興味を知るため，学習会終了後，全参加者を対象にアンケート調査を

学習項目	学習項目
① 地すべり地形について（座学）	⑥ 集水井
② 月山火山の成り立ち（座学）	⑦ 砂防堰堤
③ 滑落崖の地形について	⑧ 道路の変状・崩壊
④ 地すべりによる立ち木の変化	⑨ 横ボーリング工
⑤ 地盤伸縮計と地すべりの動き	⑩ 沼と地すべり地形の関係

図3.5.5 志津地すべり地の地すべりブロック（平成26年（2014）現在），地下水排除工位置と，現地見学での学習場所（図中の番号は，表の学習項目番号に対応）（新庄河川事務所提供）

図3.5.6 地すべり現象と地形の説明（地点A）

図3.5.7 地下水を排除する施設（横ボーリング工）（地点D）

実施し，58人より回答が得られた．その中から，図3.5.5に示した学習内容項目別に全回答者数に対する肯定的回答の数（わかりやすさ，興味をもったかについて5段階の選択肢を設け上位2段階を選んだ回答数）の割合を，属性別に生徒，保護者および教員に分けて図3.5.8に示した．そこからは，属性に関係なく相対的に理解度の高い，または低い学習項目があるのがわかる．「道路の変状・崩壊」に対し最も理解が高く，興味の度合いも高い．したがって，現場を実際に見ることで災害を間近に感じ，より興味をもつことになると言える．また，「地盤伸縮計と地すべりの動き」，「沼と地すべり地形の関係」の2項目で理解度が低くなった．これらは，移動量の経時変化を示したグラフの判読と，現地の地形から地すべり地形を短時間に読み取る必要のあったことが，参加者とくに中学生には困難であったためと考えられる．

図3.5.8からは，生徒が保護者および教員に比べ，全体に理解度・興味が低いのがわかる．しかし，アンケートの結果，学習会終了後，全参加者が地す

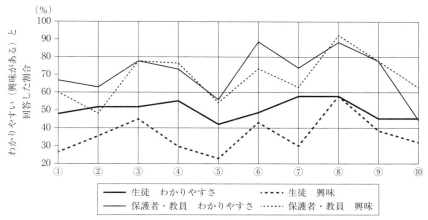

図 3.5.8 アンケート結果からみた参加者属性別の各学習項目に対する肯定的回答の割合(桐生他, 2014)(横軸の①~⑩は図 3.5.5 中の学習項目番号に対応)

べりを理解し,さらに半数以上が地すべり災害への恐怖心を増加させ防災への意識を高めたと回答している.山間地でも科目学習や生活上で生徒が地すべりを認識する機会は少ないため,学習会は地すべり災害を知り,防災意識を高める有効な手法といえる.また,動きの遅い地すべりや,地中構造物の多い地すべり対策工の理解には,現地での説明が不可欠である.

同様の親子地すべり学習会は,翌平成 26 年度にも行った.このときは台風の接近で現地見学を断念しすべて室内講義となったが,アンケート結果からは,前年度に比べ,生徒の理解度は各項目で高くなった.その理由の 1 つとして,その後の生徒への聞き取りから,1 箇月前に新庄河川事務所が事前講義を行ったことがあげられる.そこではまず,土砂災害と砂防事業について説明したうえで地すべりとその対策の初歩的講義を行った.生徒の中には砂防堰堤やがけ崩れ防止の擁壁工などを日ごろ目にしていて,その目的・機能を理解し土砂災害への興味を高めた上で地すべりの講義を受けることで理解が高まったとみられる.

(4) 地すべり防災学習での留意点

土石流やがけ崩れなどに比べ,地すべりは緩慢な土砂移動であることが多いため現象をイメージするのがやや難しい.単に現地で亀裂や変状を見ても,どんな現象がどの範囲で起こっているか理解しにくいのではないだろうか.この点では,地すべりの説明に入る前に,土砂災害とその対策の初歩的説明も必要と考えられる.そして,中学生までの段階では,現地において風景の中から地すべり地形や地すべり範囲を認識する手助けとして,地形を立体的に表現した図や写真を併用して説明するなどの工夫が必要であろう.また,防災面だけでなく棚田や池沼など地すべり地の環境や共生の視点での説明も,興味を高めるのに有効であろう.親子学習により家庭で防災について話し合う機会も増えれば次世代を主とした地域防災力向上に資するといえる.

なお,学習会の内容検討では,(一社)全国治水砂防協会の支援を,見学会の企画・実施には西川町および西川町立西川中学校のご協力を得た.記して謝意を表する.
[檜垣大助]

参考文献

桐生 朋・檜垣大助・浅野目和明(2014):地すべりに対する地域防災力向上の検討—中学校での学習会を通して,第 53 回日本地すべり学会研究発表大会講演集,133-134.

嶋崎宏樹(2009):東北地方中山間地における住民による地すべり地域防災,平成 21 年度弘前大学大学院農学生命科学研究科修士論文,157p.

地すべりに関する地形地質用語委員会編(2004):地すべり—地形地質の認識と用語,日本地すべり学会,318p.

西川町(2013):町勢要覧資料編 2013.

農林水産省(2008):地すべり災害を予防・軽減するための活動の手引き,農村振興局農村計画課,1-39. http://www.maff.go.jp/j/nousin/noukan/tyotei/t_zisuberi/pdf/yobou_tebiki_1.pdf

檜垣大助・廣部一隆(2013):地すべり地における土砂災害防災教育の効果的な手法の確立に関する検討,全国治水砂防協会受託研究報告.

3.6 中学校での授業実践例

3.6.1 理科学習における扱い

中学校学習指導要領では，第4節理科の第2分野「(7) 自然と人間」における「イ　自然の恵みと災害」で，防災の内容を重点的に扱っている．とくに災害については，「地域の災害について触れること」とし，身近な地域を教材化することの重要性を示している．また，中学校学習指導要領解説理科編では，本単元のねらいについて，「自然を多面的・総合的にとらえ，自然と人間のかかわり方について考察させること」とある．

ここでは，中学校理科における扱いやねらいをもとに，平成22年（2010）に広島大学附属東雲中学校で実施した，3年理科の授業実践事例（全8時間扱い）を紹介する．

3.6.2 土砂災害とは何か（1時間扱い）

生徒への事前調査より，土砂災害は地震災害や台風災害などと比較すると，あまり身近な災害であると感じられていなかった．したがって，まず地域で発生した過去の土砂災害の概要を生徒に知らせることにより，一連の学習の必要性を感じさせた．また，土砂災害は自分たちが居住している地域のみならず，広く日本各地で毎年発生する身近な災害であることを知らせ，今後の学習に対する生徒の関心・意欲を高めた．

授業教材としては，地域で発生した過去の土砂災害に関する新聞記事（新聞の縮刷版などを利用）を数社用いた．また，国土交通省中国地方整備局から，地域の土砂災害副読本や各種パンフレット，資料など提供してもらったものを生徒に紹介した．これらの資料のうち，動画については土砂災害の実態を生徒に把握させる上で有効であるため，提供してもらった動画から「1999.6.29災害を忘れるな　土砂災害と砂防事業に関する映像作品集」を生徒に視聴させた．加えて動画教材として，一般社団法人全国治水砂防協会が発行しているDVD「土砂動態」（図3.6.1, webで入手可能）を視聴させた．このDVDには，全国各地の土石流，地すべり，崖崩れなどの動画が集録されている．これらの動画は，いずれも生徒が土砂災害の状況を把握する上で効果的な資料

図3.6.1　全国治水砂防協会発行DVD「土砂動態」

になった．

本実践では，これらの資料に加え，国土交通省が公表している「都道府県別土砂災害危険箇所数」を授業で示した．生徒は，広島県の危険箇所数が全国1位であることや，2位の島根県と比べて広島県が約9,000箇所も多く，全国的にも突出していることにとても驚いていた．

これらの資料にふれることにより，生徒は土砂災害が身近な災害であることに気付くとともに，土砂災害の恐ろしさやエネルギーを感じ始めていた．また，広島と土砂災害との関係についても注目するようになっていた．

3.6.3 土砂災害と地形（2時間扱い）

多くの自治体が作成・配布している防災マップやハザードマップは，一般に，地形図上に加筆・記載されている．しかしながら，中学生にとって地形図は日常的に扱う地図ではなく，地形図から尾根や谷など，地形の特徴を把握することは困難である．

したがって，防災マップやハザードマップを理解するために，まず生徒に地形図を読むスキルが必要であると考え，地形図の観察，地形断面図の作成方法の習得，およびコンピュータで作成された立体地形の観察を通して，地形図から地形の特徴が把握できるよう，授業を実践した．

授業教材としては，地域の防災マップとして広島県が作成している「土砂災害ポータルひろしま」を活用した（図3.6.2）．このマップは，広島県内全域について，任意の場所の土砂災害危険箇所を拡大・縮小しながらwebブラウザで閲覧できる．生徒にとっては，自分が日常的に関わりをもっている場所で，かつ，地形の特徴をよく知っている場所を自由に選択し，付近の危険箇所を観察することができるので，関心・意欲をもって学習に取り組むことができる．

続いて，学校近くの任意の場所について地形図を

図 3.6.2 土砂災害ポータルひろしま

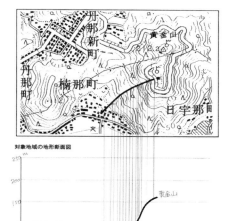

図 3.6.3 地形断面図の作成練習

図 3.6.4 Google Earth による立体地形の観察
(Image Landsat, Data SIO, NOAA, U. S. Navy, NGA, GEBCO, Japan Hydrographic Association)

示し，地形断面図を作成する方法を伝え，数箇所練習をさせた（図3.6.3）．

地形断面図の作成後には，Google Earth を用いて同じ場所の立体地形を観察し（図3.6.4），地形図の情報と Google Earth の立体地形とを対応させた．このような練習を2・3回くり返すことにより，生徒は土砂災害が想定される地域に，急傾斜を伴う谷などの特徴があることを把握するとともに，少しずつ地形図から地形の特徴を読み取ることができるようになっていた．

3.6.4 災害と気象・地質（1時間扱い）

一連の学習を通して，生徒に土砂災害に結び付く自然事象を的確に把握し，多面的・総合的にとらえ考察させることは，学習指導要領でも指摘されているように重要である．この授業では，土砂災害の発生に関する自然事象を，生徒に科学的に関連付けさせることをねらいとした．

まず，土砂災害が発生したときの気象状況について，天気図や気象衛星画像，雨量などを調べさせた．つぎに広島県の地質図を提示し，花崗岩地域と土砂災害との関係に注目させるとともに，水が深くまでしみ込む地質と，花崗岩地域のように表層だけ水がしみ込む地質のモデルに水を同量かけて，その様子を観察させた．図3.6.5はそのモデル実験を示している．左側はプラスチック板にタオルを数枚敷き，その上にマサ土をのせたもの，右側は花崗岩の板に直接マサ土をのせたものである．右側は表面が流れ下り，花崗岩がむき出しになっていることがわかる．

3.6.5 現地調査学習（2時間扱い）

土砂災害を適切なスケールで空間的に把握できるよう，現地調査学習を実施した．一般に，土砂災害が発生した場所は，山間部で狭く，傾斜が急なところが多い．また，砂防・治山工事をしているところも少なくないため，事前の下見と手続きが重要である．そのチェック例をつぎに示す．

・安全に現地に行くことができるか
・生徒が集合できるスペースがあるか
・落石の危険はないか
・滑落の危険はないか
・トイレが現地近くにあるか
・携帯電話のエリア圏か
・日陰はあるか
・学習時間帯に暗くならないか
・工事中の区域がないか，ある場合は事前に工事関係者へ連絡し，許可が得られるか
・緊急時に車でアクセス可能か
・害虫や有害植物が生息していないか　など

図 3.6.5 地質と土砂災害の関係を示すモデル実験
（口絵参照）

図 3.6.6 礫の大きさを測定
（口絵参照）

また，現地での調査学習を生徒自身が目的意識をもって主体的に進めるために，事前に地形図を配布し，Google Earth の立体地形で調査地域の特徴を把握させるとともに，次の2点の課題を示し，それぞれねらいを設定した．

① 調査地域で見られる礫の大きさを測定（図 3.6.6）し，土石流のエネルギーを実感する．
② 砂防堰堤の形状をスケッチし，その役割を考える（事前の学習で，生徒は砂防堰堤が土砂で満たされると，堰堤の役割が終わると考えていたため）．

この現地調査のレポート（図 3.6.7）などから，生徒は周囲の地形や地質，流れ下った土砂の量，規模などを多角的に把握するとともに，現地で土石流のエネルギーの大きさを実感していた．

3.6.6 災害と向き合う（1時間扱い）

現地調査で，砂防堰堤を観察した結果をもとに，その役割について考える授業を立案した．まず，堰堤のモデルに上流から玉を転がし，土石流の動きと堰堤の役割を動的に把握させた（図 3.6.8）．

この観察から，生徒は堰堤が土砂で満ちても役割を終えるのではなく，たまった土砂で形成された水平面により，その後も上流からの土石流の勢いを弱め，一気に下流へ流れ下るのを防いでいることに気付くことができた．

続いて，土砂災害がくり返し発生することにより，地形に水はけのよい平坦面ができること，そのような土地は利用しやすく，先人たちが田畑などに活用

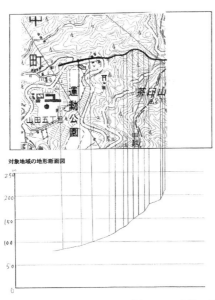

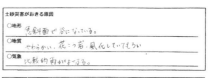

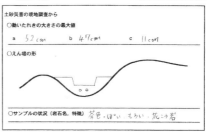

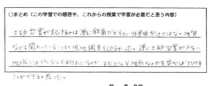

図 3.6.7 生徒が現地調査で作成したレポート

図 3.6.8　堰堤モデル

してきたことなどについても言及しながら，土砂災害は，不安定な土地環境が安定に向かう地表の活動であることにもふれ，自然と人間との関わり方について考察させた．

3.6.7　防災レポート作成（1時間扱い）

生徒一人一人が土砂災害に今後とも関わりがもてるよう，これまで学習してきた内容をもとに，広島県内で関わりが深い場所を各生徒に選択させ，その地域における土砂災害レポートを作成させた（図3.6.9）．生徒は，自宅付近や親戚の家，日常的によく通る場所など，自分の生活と関係が深い場所を選び，興味深くレポートを作成していた．生徒の感想の中には，「これまでの学習で広島に土砂災害危険箇所が多いことはわかったが，自分の生活範囲の中にその可能性があるとは思わなかった」という意見が散見された．これまで，防災学習を進める上で，生徒に自然災害を「自分のこと」として認識させることの難しさが課題としてあげられている．「自分だけは大丈夫」から，「防災の主体者」へと自分を変容させるためにも，生徒にとって身近な地域を教材化することが重要である．

3.6.8　実践の成果と課題

この学習を実践するまで，生徒は広島周辺のおもな自然災害について，地震災害や台風による災害を答えていた．しかしながら広島で発生した過去の土砂災害や，地質的な特徴，災害規模の大きさなどを学習することにより，土砂災害に対する生徒の認識が変容してきたことは大きな成果であった．また，土砂災害を豪雨による一面的な把握ではなく，地形，地質，土地利用など多面的・多角的に把握させることにより，中学校学習指導要領で求められている「自然を多面的・総合的にとらえ，自然と人間の関わり方について考察させること」ができたことも成果の1つである．

一方，課題として，多くの学校ではこの単元を学

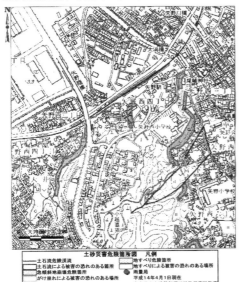

図 3.6.9　生徒が作成したレポート

習する時期が中学校3年の卒業前になるため，受験の時期を控え，扱いが簡素化されやすいことがあげられる．冬季になれば，寒さが現地調査を難しくすることにもなる．したがって，授業実践には年間を通した計画的な取組みが必要になる．加えて，第1学年の「大地の成り立ちと変化」や，第2学年の「気象とその変化」とも関連付けながら，3年間の理科授業を通した防災教育カリキュラムを各学校で構築し，計画的に実践を重ねることも重要であると考える．

本実践は平成22年（2010）に実施したものである．広島では平成11年（1999）6月29日に，広島市内を含む県西部を中心に300箇所以上の土砂災害が発生し，30人以上の死者・不明者が出た．しかしながら，平成22年の授業では，多くの生徒が過去の土砂災害を知らず，その危険性を認識していなかった．そのような状況の中，平成26年（2014）8月20日には広島市内で大規模な土砂災害が同時に発生し，70人以上の死者・不明者を出すこととなった．10年後の中学生が土砂災害の危険性について的確に指摘できるよう，教育現場で過去の災害を伝え，地域の自然と向き合う学習を重ねていく必要があると考える．

[鹿江宏明]

参考文献

鹿江宏明・有田正志・西井章司・土井　徹・吉原健太郎・北川隆司・山崎博史・林　武広・鈴木盛久（2006）：防災リテラシーの確立をめざした小・中・高等学校一貫教育の創造（5）―土砂災害を中心とした授業プログラムの実践とその考察―，広島大学学部・附属学校共同研究機構研究紀要34，165-170.

鹿江宏明・佐竹　靖（2007）：土砂災害授業マニュアル 防災教育チャレンジプラン実践報告書．

鹿江宏明・林　武広（2008）：地学事象の関連づけを中心とした土砂災害の学習．地学教育61（6），日本地学教育学会，177-186.

第4章　地域に向けた防災教育

　第4章では，各専門家が一般向けに行ってきた土砂災害防災教育の実践例を紹介する．
　地域住民が自ら作るハザードマップ，防災に関連したクイズ，実際の災害現場や災害遺構の活用，防災講演や学習会，海外の事例，災害図上訓練，被災後の被災者のリスクなど，各専門家がさまざまなアイデアで，これまでに学校や地域社会へ向けて取り組んできた事例である．その中で上手くいったこと，工夫したこと，新たな発見や気付き，表れた効果などについて紹介する．そして，これらは決して完成された手法ではなく，われわれ専門家にとっても試行錯誤の最中でもある．

4.1 地域住民に向けた防災教育

4.1.1 ハザードマップづくり中心の防災教育

土砂災害に対する地域防災力を向上させるためには，防災の基本要素である「人」，「技術」，「データ」のトライアングルをそれぞれ改善することが重要といわれている．

そのうち，「人」に注目すると，地域の研究者，技術者の専門家の不足，地域住民の防災意識の不足および媒介者（マスコミ，教育者，企業・行政など）による防災に関わる広報や防災教育が不足しているのが現状である．このような現状をふまえ，地域防災力を向上させるため，防災意識が不足している地域住民に対して土砂災害の危険性をよく知ってもらう教育手法を検討し，実施している．

この教育は実務専門家が実際に地域活動の中に入り，地域住民が土砂災害の危険箇所を知り，災害が発生するおそれのあるとき，無事避難できるかを演習するハザードマップ作成を中心とした防災教育である．

平成17年（2005）より小学校，中学校，高齢者を対象として防災教育を継続しており，地域の防災力向上にその役割を果たすことができると考えている．

4.1.2 防災教育の準備と実施内容

土砂災害の防災教育を実施する上で重要となるのは，防災教育の内容をどのようなものにするかである．これまで，防災教育の手法を検討してきたが，現在では，表4.1.1のような構成，内容を中心として実施している．

防災教育の内容や時間は相手の要望や打合せによって変わるが，90分程度（2コマ）で実施することが最も多い．また教育内容は演習を中心にし，自分たちで考えて発表する形式で行っている．

平成17年（2005）から平成25年（2013）まで行った小学校，中学校，高齢者を対象とした防災教育は次のとおりである．

（ⅰ）小学校での防災教育：18校，1,200人
（ⅱ）中学校での防災教育：11校，1,710人
（ⅲ）高齢者への防災教育：15箇所，450人

小学校，中学校については市の教育委員会からの紹介で実施し，高齢者への防災教育は公民館の出前授業として実施している．

防災教育を行うにあたっては，準備が大切である．質問にも答えられるように現地調査を行い，事前調査として現地状況の把握にも努めた．

①「土砂災害の概要」は，土砂災害の種類からはじまり，自分たちの身近な災害の実態やその対策内容を紹介している．とくに土石流災害や崖崩れが多い地域なのでその内容を詳細に説明する．したがって，事前調査ではその地区で過去に発生した災害内容を整理し，現地でその後の対策なども調査する．また，土砂災害の危険箇所も調査し，ハザードマップ作成の演習をスムーズに進める準備をしている．

②「防災クイズ」は①「土砂災害の概要」で説明した内容について，それを確認するためにクイズ形式で出題する．クイズの正解，不正解をグループで競い合うと小学生，中学生とも授業が盛り上がるし，理解度も深まるように思われる（図4.1.1）．防災クイズの質問例を表4.1.2に示す．防災クイズはでき

図4.1.1 防災クイズの様子

表4.1.1 防災教育の構成と内容

種類	防災教育の内容	時間
講義	①土砂災害の概要	20分
演習	②防災クイズ	15分
演習	③ハザードマップの作成	45分
講義	④警戒避難	10分

表4.1.2 防災クイズ（○か×）質問例

がけ崩れの土砂は斜面の下から5mぐらいまで届くことがあるので，がけから8m離れたら安全である．
土石流は土石と水が一緒になって流れるが，そのスピードは自動車が走るくらいのスピードである（40～50km）．
広島県は土砂災害危険箇所が約32,000箇所ある．この数を都道府県別にみると全国で3番目に多い数である．

るだけ具体的なものにすると関心も高まる．ただ，高齢者を対象とする場合は，「防災クイズ」を除いて「ハザードマップ作成」に時間をかけるようにしている．

③「ハザードマップの作成」は防災教育の中心である．準備するものはA0の白地図（2,500分の1），土砂災害危険箇所図（5,000分の1）および文房具（マジック，シールと付箋）である．まず，5，6人のグループに分かれて，白地図で自分の家を探し，シールを貼る．つぎに，各県で公表されている土砂災害危険箇所図から自分の家の周辺の土砂災害危険箇所をマジックを使って転記し，自分の家が土砂災害の危険箇所であるかどうかを確認する．さらに避難場所にシールを貼り，避難するルートを検討する．土砂災害危険箇所に家がある場合や，川や溝など避難するルート上で注意する点などをグループで話し合ってとりまとめる（図4.1.2）．最後にその成果を全員の前で発表し，実務専門家から質問を受けたり，避難の注意点などについて学習する．これが一連の「ハザードマップの作成」の手順である．

この学習はグループに分かれて行うので，近くに住んでいる参加者どうしでグループ分けする必要があり，地図もそれに合わせて準備することになる．この演習は自分の家が土砂災害に対してどのような位置にあるかがわかるし，災害が発生するおそれのあるときにはどう避難したらよいか自分の問題としてとらえるところに意義がある．すなわち，災害を自分の問題としてとらえられるので災害の危険性を把握できる．また，通学路や普段利用している道の危険性についても学習できる．ただ，この演習をするにはグループごとに1人の専門家をつけることにしているが，さらに人数の関係で先生に手伝ってもらうケースも出てくるなど，専門家の確保が重要となる．現在，協会などで専門家を集めるようにしている．

④「警戒避難」は，降雨と災害の関係を説明し，実際に近くで発生した災害時の降雨状況と災害発生時間との関係を示すなど，どのようなときに災害が発生するかを認識してもらい，避難について正しい知識をもってもらえるよう説明する．また，自助，共助，公助の大切さの話もする．この講義の準備として，降雨量の観測地点や避難場所の建物などを事前に調べて写真で説明することも行っている．

このように防災教育の内容について説明したが，この教育をより効果的にするには事前の調査を十分に行うことと，「ハザードマップの作成」の演習で専門家を多く集めることが大切である．また，専門家も防災教育のレベルを確保するために「土砂災害Q&A」や「地震災害Q&A」を防災教育に参加する専門家で作成し，レベルを合わせるとともに，数年に一度は改訂版も作成し，災害の変化や基準などの見直しにも対応するようにしている．

4.1.3 小学校・中学校の防災教育結果

小学校と中学校の防災教育結果についてアンケート調査を行った．小学校は5つの学校の269人を，中学校は3つの学校496人を対象として整理したものを示す（図4.1.3）．

アンケート結果，「授業の理解度」は図4.1.3に示すように中学生より小学生の方が理解度が高い結果となった．これは，小学生の方が授業に対して理解しようとする気持ちが強いためかもしれないし，中学校の場合対象とする人数が多いため教育による効果が低くなることも考えられる．

「授業を聞いて，災害が起こりそうなときに，うまく避難することができると思いますか」の質問に，小学生は「できる」が117人（45％），「大人に教えてもらえばできる」は97人（38％）に対して，中学生は「できる」が208人（42％），「大人に教えてもらえばできる」は150人（30％）となり，これも中学生より小学生の方が多くなっている．

そのほかにもいろいろな質問を行ったが，避難所の位置や避難路に関しては90％以上の生徒が「知っている」と，雨量や災害情報についても70％以上の生徒が「知っている」と答え，授業の成果が現れた

図4.1.2 ハザードマップ作成の様子

Q1：授業の内容はどれくらい理解できましたか？

（小学校，回答数：269）

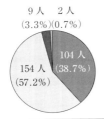

- a：よくわかった
- b：だいたいわかった
- c：あまりわからなかった
- d：よくわからなかった

（中学校，回答数：496）

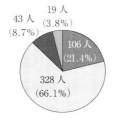

Q5：今日の授業を聞いて，災害が起こりそうな時，うまく避難ができると思いますか？

（小学校，回答数：258）

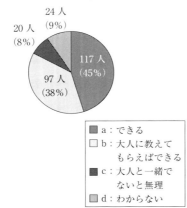

- a：できる
- b：大人に教えてもらえばできる
- c：大人と一緒でないと無理
- d：わからない

（中学校，回答数：493）

図 4.1.3 小・中学生アンケート結果

ものと考えられる．

授業の感想として，小学校6年生でも「普段の生活の中で危険な場所があったし，避難場所をちゃんと確認することができました．がけ崩れ，土石流とか災害があんなにすごいとあらためてわかりました」，「授業は楽しかったし，これから災害は起きてほしくないけど，もし起きてもだいじょうぶです．今日家に帰ったら家族でもう一度災害のことについて話し合いたいです」など力強い意見を得た．

中学生では災害に対する関心があまりない生徒もいるのではないかと考えていたが，全員が感想を書いてくれたことからもわかるように災害への関心は高いものがあった．感想の1例して「とてもいろんなことがよくわかりました．本番でうまく避難できるか自分ではわからないけど，家族ともよく話し合おうと思います．最後に教えていただいたように，私たちが人を助ける力になれるようにしたいです．それから自分の命は自分で守れるようにしたいです．」といった意見を得た．

小学校と中学校での防災教育で，生徒たちは身近に発生している災害の実態をよく知らないのが実情で，今後も防災教育活動は必要であり，継続的な活動が重要と考えられる．

4.1.4 高齢者に向けた防災教育結果

高齢者に向けた防災教育は，公民館の高齢者対象の出前講座に登録し，公民館から講座希望があった場合に公民館に出かけて防災教育を実施している．この防災教育も口コミで広がりはじめ，公民館からの連絡もここ最近増加している．

ここで，5つの地区の公民館で防災授業を行った結果を報告する．この5つの地区は過去にも災害が多発している地区であり，参加者の中には災害経験者も参加していた．高齢者（65歳以上）の参加者は112人で回答は105人から得た．

防災教育は「みんなで考えよう土砂災害」という題目で，講義と演習に分け，4.1.2節で説明したように演習を中心に実施した．

グループ演習「ハザードマップ作成」では，これまでの災害経験から，「この場所が崩れた」「土砂はこの付近まで到達した」など具体的な被害事例もたくさん聞くことができ，防災教育をする上での参考となった（図4.1.4，図4.1.5）．

ただし，いずれの地区もいたる所が土砂災害の危険箇所になっており，事前避難が欠かせないことが

図 4.1.4 高齢者によるハザードマップ作成

図 4.1.5 ハザードマップ作成結果発表

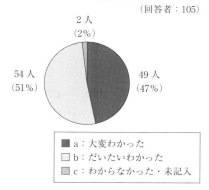
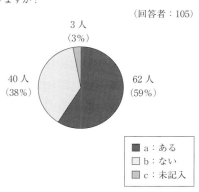
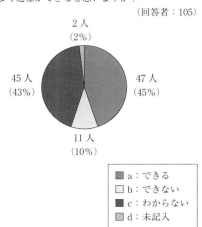

図 4.1.6 高齢者のアンケート結果

明らかとなった．

最後のまとめでは，実際に災害で親族を亡くした人が，そのときの避難方法について話をした．高齢者の方の中には災害を直接経験した人が多く，その経験を整理してまとめ，若い人たちに伝えていけば，被害の軽減に役立つ可能性がある．

高齢者へのアンケートの結果，「授業の理解」は98％の人が「わかった」と答え，感想にも「わかりやすかった」と書いた回答が多かった．授業の量も「ちょうどよい」と答えた人が84％，「少し多い」が10％であり，量的にもほぼ満足したと思われる．これは高齢者のもつ災害の経験が授業の理解を深めていると思われる（図4.1.6）．

「最近災害が起こりそうだ」と感じた人は59％と高く，そのうち台風と大雨が86％，地震が14％となり，土砂災害への関心の高さが示された．今まで実際に避難したことがあるかについては11％の人があると答えた．

「災害が起こりそうなとき，うまく避難できると思いますか」の質問に，「できる」は47人（45％），「できない」11人（10％），「わからない」45人（43％）と，高齢者だけに避難に対して慎重な答えとなっている（図4.1.6）．

避難所の位置や避難路に関しては90％以上の人が，雨量や災害情報についても68％の人が知っていると答え，授業の成果が現れたものと考えられる．

アンケート調査の感想として「だいたいわかった，聞いてよかった，危険な箇所がわかった」が多くを占め，具体的な感想として次のようなものがあった．「地図を使って作業したので，避難場所や経路などがよく理解できました」，「わが家は大丈夫と思っていたが，危険箇所に入っていることを知って今後家族とともに話し合いたいと思います」，「有意義な講座であった．親切に教えてもらった．できれば，各年齢層にも受けさせたい」，「いずれにしても災害が非常に起こりやすい地域に住んでいるので，日頃から気を付けて行動しなければと感じています．このような講話等には積極的に参加します」．

このように防災教育に参加する人は高齢者としても元気な人が多く，地域の防災力の確保，向上の指導者として活動できる人も参加している．

4.1.5 まとめ

これまで小学生，中学生，高齢者を対象に行ってきた防災教育の取組みの結果と成果などは次のようにまとめられる．

(1) 小学生・中学生について

①小・中学生とも災害に対する関心はあるものの災害の実態を知らない生徒が多く，演習を通して理解を深めることができた．

②地域の災害を軽減するためには防災教育は有効な方法である．

③小学6年生，中学生は災害への理解や避難の方法も理解できるので，さらに訓練を行えば地域の防災力の向上の役割を担うことができる．

(2) 高齢者について

④高齢者は災害経験をよく覚えており，災害や警戒・避難の理解も深く，貴重な体験も多くあり，防災教育にも積極的に参加している．

⑤土砂災害危険箇所が連続するところでは，どう避難するか課題も残っている．これまでの災害経験を通して，自分たちの地域の危険箇所を絞り込むことも可能である．

⑥元気な高齢者は，地域の災害軽減の語り部として活躍できる人がいる．

以上のような小学生・中学生および高齢者を対象とした防災教育は10年目を迎え，それなりに地域で評価されている．今後も継続的に実施することで地域の防災力は向上すると思われるが，今後はさらに地域の防災組織などと連携して防災教育を実施し，教育内容の充実やレベルアップも図る必要がある．さらに，防災教育を行うにも社会貢献活動だけでは継続は難しい面もあり，防災教育を継続する仕組みづくりも必要と考えられる．

ここでは，「ハザードマップの作成」を中心とした防災教育について説明した．この方法は継続することが可能であるので他の地域でも実践してほしい．仕事をしながらの社会貢献活動であるが，無理をしないで自分たちでできる範囲で継続することの意義は大きい．

［山下祐一］

4.2 災害現場や遺構を活用した土砂災害教育

4.2.1 有珠山噴火後の防災教育の進展

平成12年に有珠山が噴火し，その災害復旧と復興の過程で，そして次の噴火に対する準備として，防災教育の重要性が指摘された．平成12年噴火が洞爺湖温泉街のすぐ近くで起こり，1万6,000人が避難し，1人の犠牲者も出なかったことは，奇跡といってよいだろう（北海道新聞社，2002）．しかし，20～30年後に再度噴火するといわれており，その頃には平成12年噴火対応で活躍したほとんどの経験者が現役を引退していると考えられる．そのため，平成12年噴火対応の経験と防災対策について，次世代に伝えていくことが重要となる．次の噴火で頼りにすべきは，平成12年噴火当時の子供たちや，そのまた次の世代である．

有珠山周辺市町村では，火山噴火災害に関して歴史的に非常に進んだ取組みを行ってきた（勝井，2002）．とくに壮瞥町では，昭和58年（1983）から子供郷土史講座を開催しており，子供たちは毎年有珠山と昭和新山に登るなど，火山にふれあう機会に恵まれている．そのような経験が平成12年噴火対応にも生きたといわれている．明治43年（1910）の有珠山噴火の際には，1万5,000人が避難し助かったという記録が残っている．それから，昭和18年（1943）～20年（1945）の昭和新山が誕生する噴火，昭和52年（1977）～53年（1978）の泥流で3人の犠牲者が出てしまった噴火を経て，平成12年噴火が起こった．

平成12年噴火の5年前の平成7年（1995）には，いろいろな議論を経て有珠山火山防災マップが公表されており，それが平成12年の奇跡にも貢献することになった．火山周辺地域の観光振興に対する悪影響を恐れてハザードマップの公表をためらっていた地元市町村も，ネバド・デル・ルイス火山災害や十勝岳の火山噴火を経て，意識が変わってきていた（宇井，2002）．

平成12年の噴火後には，この有珠山火山防災マップは改訂され，改めて公表された．しかし，危険な地域を公表するだけでは不十分で，平常時もその地域を安全に有効に利用していくべきだ（岡田，2008）として，いろいろな取組みもはじまっている．エコミュージアムや洞爺湖有珠山ジオパークなど，火山の恵みを活用する取組みも盛り上がっている．有珠山における防災教育は，そのような動きと連携して進められるようになった．

4.2.2 有珠山防災教育副読本の議論

平成12年有珠山噴火災害対応のときに活躍した，北海道大学理学部の岡田弘教授（当時）と宇井忠英教授（当時）は防災教育に熱心で，噴火前からいろいろな活動を行っていた．2人は，平成12年噴火災害対応に関わった行政機関にも，長期的な防災対策の一環として防災教育に積極的に取り組むよう求めてきた．有珠山噴火で被災した国道230号の復旧や，火山砂防事業を進めている行政機関としても，事業の意義を広め理解を深める手段として，防災教育に注目するようになった．

防災教育に関わる仕事の手始めとして，関係機関が協力して有珠山防災教育副読本の作成が始まった．防災教育の主人公は教師と子供たちであるから，伊達市・虻田町（当時）・壮瞥町から6人の小・中学校教師が推薦され，有珠山火山防災副読本作成検討会を組織した．宇井教授がコーディネーター，長年壮瞥町の子供郷土史講座を進めてきた三松三朗氏がアドバイザーとして参加した．

検討会のはじまりは堅苦しい雰囲気であったが，回を重ねるごとに議論は弾み，面白いアイデアが出てきた．副読本のキャラクターは可愛らしい熊に決まり，三松氏がマグマ君（真の熊？）と名付けた．子供たちが副読本に興味をもってくれるように，「調べてみようコーナー」，「行ってみようコーナー」，「やってみようコーナー」が盛り込まれた．検討会は熱を帯び，授業の試行や地域の人との議論もふまえながら，副読本の編集が着々と進められていった．

平成13年（2001）の秋から始まったこの検討会により，平成15年（2003）3月に小学生版「火の山の響」（有珠山火山防災副読本作成検討会編，2003），平成16年（2004）3月には中学校版「火の山の奏」（有珠山火山防災副読本作成検討会編，2004）が発刊され，平成17年（2005）3月には先生用のガイドブックが完成した（図4.2.1）．

小学生版「火の山の響」は，ルーズリーフファイルにカードを綴じたような編集になっており，子供

図 4.2.1 有珠山火山防災副読本（左から，小学生版，中学生版，「緑はどうなった」のページ）

たちは授業のたびに必要なカードを取り出すように工夫されている．中学生版「火の山の奏」は，多くの情報が盛り込まれており，大人が読んでも感心させられるできあがりである．一部の人からは，内容が濃すぎて重いという批判もあったが，使い方しだいで可能性が広がる素材ができた．

4.2.3 「緑はどうなった」のページ

副読本にはいろいろな工夫が盛り込まれ，火山の怖さや噴火対応だけではなく，火山の恩恵についても強調されている．副読本中学生版の中に，火山の周囲には美しい森が再生していることに注目した「緑はどうなった？」というページを組み入れることになった．有珠山は 20～30 年ごとに噴火し，そのたびに森林も被害を受けるものの，美しい緑として蘇っていることを子供たちに伝えるものである．

「緑はどうなった」では，「2000 年噴火の際，有珠山の周りの森林は，火口ができて吹き飛ばされたり，熱によって燃えてしまったり，地殻変動や泥流で枯れるなどいろいろな被害を受けました．有珠山の森林は，噴火のたびに，こうした被害を受け，再生してきました」という文章で始まっている．そして，「噴火のたびに破壊される森林」として，森林被害の実態が多くの写真を用いて説明されている．また，「森林が再生する過程」と題し，裸地となった火山周辺の土地に植生が侵入し，再生する様子を，やはり豊富な写真と図でわかりやすく表現している．

4.2.4 洞爺湖温泉小学校からの依頼

有珠山火山防災副読本が完成した頃，洞爺湖温泉小学校の先生から，「緑はどうなった」の内容を小学生向けの授業にするよう依頼があった．その先生は，作成検討会メンバーでもあり，防災教育にもたいへん熱心で，子供たちが興味をもつ授業の素材を求めていた．

その先生によると，平成 12 年有珠山噴火で自宅も小学校も被災し，避難生活を強いられ，噴火や火山性地震・泥流を恐れて心にトラウマをもってしまった子供もたくさんいるという．そんな子供たちのために，「再生」というキーワードで授業を企画してほしいという要望であった．火山が噴火しても，大地が張り裂けても，泥流で埋まっても，美しく再生する森林が，子供たちの救いになるはずだと熱く語っていた．

洞爺湖温泉小学校は，平成 12 年 4 月の泥流が直撃し（図 4.2.2），火山灰に埋まって破壊されており，月浦地区に移転が決まっていた．移転箇所は火砕流や泥流による被害のおそれがない洞爺湖の西岸で，豊かな湖畔林を臨むすばらしい環境にある．洞爺湖温泉小学校のほとんどの児童は，洞爺湖温泉地区から 10 分ほど通学バスに乗って通うことになった．後から聞いたことであるが，小学校の目の前に美しい湖畔林が拡がっているのに，そこで遊んだことのある子供はいなかった．

洞爺湖温泉小学校の先生の熱意を受け止め，関係機関が協力して「緑はどうなった？」授業を始めることになった（図 4.2.3）．有珠火山防災教育副読本がきっかけとなって，防災教育と環境教育を組み合わせる試みがはじまった．火山災害で被災し辛い思いをした子供たちに希望を与え，次世代の地域の防

図 4.2.2 被災した洞爺湖温泉小学校（撮影：宇井忠英，2000 年 4 月）

図 4.2.3 「緑はどうなった？」授業（撮影：寒地土木研究所）

災や環境保全を担う人材を育てる教育に携わることは，大きな喜びでもある．

その教育の場は，平成 12 年有珠山噴火で被災し移転した洞爺湖温泉小学校で，学校の前には美しい洞爺湖と，それを縁取る豊かな湖畔林がひろがっている．洞爺湖の南側には，平成 12 年の噴火の跡が茶色に残る有珠山や昭和新山を見渡すことができ，新しい防災教育・環境教育の試みには，まさにふさわしい舞台である．

4.2.5 「緑はどうなった？」授業の企画

この授業のねらいは，有珠山の平成 12 年噴火災害と減災対策について知るとともに，噴火によって破壊された森林が美しく再生することを理解することにある．その美しく再生した緑は，多様な動植物の競争と共生により成り立ち，生きていることの実感にも結び付く．また，緑の再生に人として関わり，成長を見守ることには，子供たちの貴重な経験にもなるはずだ．

有珠山噴火後の植生侵入を見てみると，とくに洞爺湖温泉の近くでは，多様な在来の植生の再生には至っていなかった．過去に植えられたポプラやハリエンジュなど，不自然で地域にふさわしくない緑も広がっていた．

また，この地域は支笏洞爺国立公園にあり，防災施設の周りも地域に合った自然な緑地として再生することが求められていた．といいながら，防災施設である遊砂地の中に，北海道には自生しないガクアジサイが造園的な手法で植えられたり，せっかく育ってきた在来種のドロノキが，見た目が悪いと伐採されたりしていた．そこで授業の中では，近隣の自然林から採取された多様な種から苗を育て植栽する，生態学的混播・混植法（岡村, 2004）を用いることになった．小学校の前にひろがる自然豊かな湖畔林

図 4.2.4 「緑はどうなった？」授業緑化実施箇所

に行けば，多様で地域に合った種を採取することができる．

洞爺湖町長からは，洞爺湖温泉街に近接する防災施設が居住地に圧迫感を与えるので，自然に近い緑で覆ってほしいと求められた．洞爺湖温泉街の南側には，泥流災害を防ぐために，大きな遊砂地が建設されている．遊砂地の周囲は鋼製矢板という鉄の板で囲まれ，その基部は火山灰で埋め戻して芝が張られているものの，赤っ茶けた鋼製矢板が目立っている．火山灰の斜面は雨による侵食を受けやすく，施設の維持管理や景観上の問題もあって，自然な緑地にすることが望ましい．「緑はどうなった？」授業で遊砂地の周囲に森を再生すれば，町長の期待にも応えられる（図 4.2.4）．

平成 16 年（2004）5 月 24 日に，最初の「緑はどうなった？」授業が洞爺湖温泉小学校の全児童を対象に行われた．授業の中で，平成 12 年有珠山噴火災害のことを振り返り，噴火により破壊された森林の再生についても，パネルを使って説明した．そして，洞爺湖畔の森に入り，長時間をかけて再生を続けてきた樹林と，その中で育まれている動植物を観察した．また，近隣で採取しておいたハルニレの種を播く実習も行った．

平成 17 年（2005）からは，ほぼ年 2 回ペースで春秋 2 コマずつの授業を継続的に行っている．秋の授業では，湖畔林で宝物探しをして，熟している種とりや播種を行い，苗づくりに結び付けている．平成 18 年（2006）からは，種から育った苗を遊砂地の周辺に植え始めた．その後，種が多く実る秋には種とりと宝物探し，春には現地に植樹を行うプログ

図 4.2.5 授業による植樹箇所（撮影：布川雅典，2015 年 6 月 12 日）

ラムを基本としてきた（図 4.2.5）．夏の暑い時期は苗床の土が乾燥するので，子供たちが当番で水やりをするようになった．

4.2.6 「緑はどうなった？」授業の継続的な実施

洞爺湖温泉小学校の「緑はどうなった？」授業は，多様な組織が協力することによって成り立っている．もとはといえば，有珠火山防災教育副読本を作成した北海道開発局が北海道工業大学（現北海道科学大学）の岡村俊邦教授に相談しながら企画を進めており，防災の研究も担っている寒地土木研究所も主体的に関わるようになった．有珠山の砂防施設を建設し管理している組織として，北海道胆振総合振興局室蘭建設管理部も参加し，防災についての説明や，植栽基盤の整備を行っている．環境省洞爺湖自然保護官事務所も環境保全の立場から協力しており，自然保護官やアクティブレンジャーが参加したこともある．

このような防災教育・環境教育のプログラムは，継続することに意義がある．小学校の校長先生や教諭たちが異動したからといって途切れてしまっては困るので，毎年 5 月頃に関係機関の担当者が小学校に営業に行き，理解を深めるよう努めている．放課後に先生たちに集まってもらい，授業の趣旨と内容を説明し，授業時間の確保をお願いしている．

関係機関の参加者の旅費はそれぞれの機関が負担し，緑化基盤整備は北海道が行っているが，講師や司会者の旅費と謝礼，子供たちの移動のためのバス借り上げ料金，資料のとりまとめなどの予算も必要である．予算の工面に頭を悩ましているところに，心強いスポンサーが現れた．平成 20 年（2008）のG8 サミットが洞爺湖で行われ，それに合わせて「グリーンサンタ基金」から，「緑はどうなった？」授業に寄付をしてくれることになった．サミットが行われる胆振支庁（現胆振総合振興局）管内で，基金として緑に関わるプロジェクトを援助したいという申し出があった．胆振支庁からの提案の中から，最終的に「緑はどうなった？」授業が最もふさわしいという結論にいたり，応援をしてくれることになった．

「緑はどうなった？」授業は，平成 27 年（2015）で 12 年目となる．最近では，年度初めに洞爺湖温泉小学校へ説明にいくと，すでにその年のカリキュラムに組み込まれている．先生も子供たちも有珠山噴火は過去のことのように認識しており，環境教育的な面を期待するようになっている．確かに，10 年あまり経過すると災害や防災に関する意識は風化してくるが，だからこそ継続しなければならないと強く感じている．

どうやら，この防災教育と環境教育を組み合わせて進めるということが，継続性を担保する 1 つの秘訣になっているようにも思われる．どちらか一方では，子供たちと先生たちを長く惹きつけておくことは難しいようだ．防災に関する問題意識を持続的に伝えながら，種とりから苗づくり，現地への植栽とルーチンができることによって，代々受け継いでいく仕組みとなる（吉井・岡村，2015）．

それから，専門家や関係機関が連携して実施していることも，継続の秘訣だろう．それぞれの組織が，できる範囲で無理をせず参加していることで持続的な活力を生み出している．何より楽しい授業を毎年行っていることが，一番の魅力だと感じている．専門家の説明も慣れて滑らかになっており，司会者のサトちゃん（企画運営をお願いしている青木聡子さん）が，いろいろな手で楽しませてくれている．最初の授業でサトちゃんは，シカのかぶり物で子供たちの前に立ち，「有珠山噴火で森が壊れてしまい，食べ物がなくなってしまったよ」，と訴えた．翌年は，ネズミの耳と鼻をつけて現れ，「もうすぐ冬になるから，ドングリやクルミを土の中に隠しておかなきゃ」とネズミのサトちゃんを演じた．その日の宝探しで，地面の穴の中からネズミが隠したらしいドングリが見つかって，子供たちは大喜びをしていた．

洞爺湖温泉小学校の「緑はどうなった？」授業は 12 年継続し，まだまだ持続していくだろう．子供たちの植えた樹木は順調に生長して，種をつけ，自ら再生産するようになっている．2012 年の秋には，栗の実がなっているのを見つけた子供たちが歓声を上げていた．防災施設とその周りの自分たちで植えた緑が，文字通り地域の宝物に育っている．

［吉井厚志・井良沢道也］

参考文献

宇井忠英（2002）：2000 年有珠山噴火，北海道新聞社，274-276．

有珠山火山防災副読本作成検討会編（2003）：火の山の響，北海道開発局，p80．

有珠山火山防災副読本作成検討会編（2004）：火の山の奏，北海道開発局，64-68，132．

岡田弘（2008）：有珠山　火の山とともに，北海道新聞社，306-318．

岡村俊邦（2004）：生態学的混播・混植法の理論　実践　評価，石狩川振興財団，p71．

勝井義雄，（2002）：2000 年有珠山噴火，北海道新聞社，224-248．

北海道新聞社編（2002）：2000 年有珠山噴火，北海道新聞社，249-269．

吉井厚志・岡村俊邦（2015）：緑の手づくり（電子書籍），今西出版．

4.3 一般向け防災講演

筆者は，これまでに多くの防災講演を行ってきた．一般向け講演，職員研修，小学校の総合学習における防災授業，街角講演など，さまざまな対象，さまざまな場所で講演を行ってきた．

防災講演は，日ごろから防災に関心のある防災意識の高い人が多く参加するが，関心のない人はほとんど来ない．また，関心はあるが仕事などで忙しく，参加できない人も多い．本来，もっとも参加してほしい20〜40代の人たち，実際に大災害が発生した時に，地域のリーダーになる年齢層の人たちの参加がもっとも少ないのが現状である．これでは，減災に大きな効果が出るはずもなく，関心の少ない人を少しでも巻き込んだものにしなくてはならない．

本節では，筆者が今までに行ってきた防災講演や学習会において，参加者を少しでも多く呼び込む方法，関心の高かった資料，効果的な防災講演の事例を示すとともに，経験から得た気付きや課題について述べ，今後，防災講演等を行おうとする人にとって少しでも役立つ情報としたい．

4.3.1 他分野の専門家とのジョイント講演

東日本大震災（2011）の2箇月後に実施した講演は，震災直後に医療ボランティアで現地に赴任した東京都多摩市の医師の提案で実現した企画であった．医師の立場と災害調査の立場の2人で行った講演は大震災直後であったこともあり，また数日前から，駅周辺やデパートなどに大きなポスターを貼り，WEB広報や地元テレビ放送もあって，多くの人が集まった．テレビ報道や新聞記事だけではわからない被災地の現状を，少しでも多くの一般市民に知ってもらうという目的において大成功であった．このような防災意識が今後も長く続けば，防災に高い効果を発揮するものと考えられる．

また，翌年には議員とのジョイントで防災講演を実施したが，この企画もまた多くの人を呼び込むうえで功を奏した．

このように，複数の分野の専門家が合同で講演を行うことは，異なった関心をもつ人を呼び込むうえで，たいへん有効である．

4.3.2 小学校での特別授業

最初に授業をしたのは，阪神・淡路大震災（1997）から10年が経った頃であった．小学生が，災害や防災の話に目を輝かせて1時間も集中してくれたのは意外であった．担任の先生は，「難しい話もしてあげて下さい．ゆっくり解説してあげれば理解します」といっていたが，相手は子供という意識でついついやさしく簡単な説明をしてしまいがちである．しかし，彼らの理解度はなかなかのものである．深い興味と集中力から，大人への講演のときよりも的確な質問も多く出された．

その数日後，理解したことのまとめや感想文が送られてきた．クラス代表の生徒が書いたものではなく，授業に参加してくれた全員が書いたものである．小学生に対しても，一般の大人に対しても，災害や防災の話をする際には，知識や理解においてはあまり差がないということを認識した．その後も何度か小学校で防災の授業を行っているが，どの学校の生徒もとても真剣である．

図4.3.1 駅やデパートに貼った宣伝ポスター

図4.3.2 小学生のまとめと感想文

人間は生きものであるから，自分の身を守ることには本能として関心が高いのである．

4.3.3 防災パンフレットの作成と配布

防災講演や授業をするとき，できるかぎりパンフレットや理解しやすい資料を配布することを心がけている．

一般市民が，自然災害とその防災について最低限の知識をもつためには，まず自分が住んでいる土地や地域の特性および過去に実際に発生した災害の実態に関心をもち，知ることが大切である．

郷土誌などには，その地域で発生した過去の災害が整理されているが，一般市民が過去の災害を知るために図書館に足を運んで文献に接することはまずない．いつ，どこで，どのような災害が発生したのか，そのときの被害や前兆，気象の特徴はどうであったのか，避難行動は成功したのか，失敗したのか．このようなことを専門家がきちんと整理し，理解しやすい媒体（パンフレットなど）として一般市民へ提供することは，今後の防災においてたいへん重要かつ効果的である．

パンフレットなどを作成する際のポイントは，専門用語を使わずに，理解しやすい表現で，現場写真をたくさん使うことが肝要である．

4.3.4 街角講演

東日本大震災から1年，平成24年（2012）3月11日，筆者の居住地最寄りの駅近辺において，大型パネルを使い，いわゆる辻説法的に通行人へ防災講演を行った．震災から1年目の日に行ったこともあり，立ち止まって解説を聞き，さまざまな質問をしにくる人が後を絶たなかった．日ごろ，あまり防災に関心のない人と接するという意味において価値は十分にあった．また，大ホールのように，人前で質問するには多少の勇気がいる場と違い，こうして専門家と一般市民がほぼ対等に向き合って話ができる場をつくることはたいへん有意義なことである．

4.3.5 講師は何をどう評価されているか

職員研修や防災訓練の一環で防災講演をする場合，研修後に講師に対する点数化による評価がなされるが，講師の人間性などに関するところまでは踏み込まないのが一般的である．しかし，講演をする際に大切なことは，その講師がどのくらい高度な知識をもっているかよりも，その講師の人間性や信頼性であると感じる場合が多い．少なくとも筆者は受講者の立場であるときも講師の立場であるときも，最も大切に考えるのは数値として表れにくい点である．

防災講演や学習会の最後に，参加者の理解度を計るための簡単な試験形式のアンケートを行うことはよくあることで，そのアンケート結果が良い成績であれば，講演をした甲斐があったというものである．しかし，さらに大切なことは講師に対する信頼度や親近感あるいは一般参加者とのコミュニケーションである．

以前に行った一般市民を対象とした防災講演の際に，以下に示すようなアンケートをしたことがある．

幸い，すべての項目で半数以上の人が良い評価をしてくれたのであるが，講演の際に大切なのは，高度な難しい話をすることではなくて，防災の知識が

図 4.3.3 配布用に作成したパンフレット

図 4.3.4 講演後のアンケートの一例

よくわかった，と参加者が思えることである．専門的に勉強したいという人でないかぎり，難しい話をするのはかえって逆効果で，難しいことは丁寧にゆっくり解説し，講師と参加者の信頼関係を築くことが最も大切である．

4.3.6 いかに興味深く伝えるか

講演準備の際にいつも考えるのは，いかに興味深く伝えるかということである．すなわち，事実を誇張することなく，かといって専門的に詳細すぎることもなくわかりやすく正確に伝えるということである．そのためには，例えば災害を記録した古文書などの歴史資料を解読するだけではなく，その舞台となった現地へ何度も足を運び，現地調査，伝承調査，地形図・空中写真判読などを行い，さらに自らが歴史記録の記載地点に立ち，当時の調査者や記載者と同じ踏査をすることが不可欠である．

(1) 定点撮影で過去を知る

一般市民に過去の災害の状況をイメージしてもらうためには，災害当時の写真と同地点における定点比較写真がたいへん効果的である．過去にどんな大災害があろうが，口碑や文字の記録だけではイメージが伝わらないことが多いのである．

筆者は，全国各地の歴史災害調査を行っていることから，過去の災害現場へ行くと必ず災害当時の古写真を撮影した位置を探して，定点撮影を行っている．その際，地元住民へ災害伝承などに関するヒアリング調査を同時に行う．多くの人が災害後も同じ土地に住んでいるのであるが，2世代以上前の出来事となると伝承も薄れ，ほとんどの人が知らないのが現状である．

つぎに示す図4.3.5は，明治22年（1889）の豪雨で大規模に崩壊した横山（和歌山県田辺市）である．今となっては伝承も途絶え，当時の災害の状況を知る人はほとんどいない．図4.3.6は，濃尾地震（1891）直後の根尾谷（岐阜県本巣市）である．現在はすっかり緑に覆われた斜面からは想像もつかないくらいの禿山状になっているのがわかる．図4.3.7は，関東地震（1923）直後に大規模な土石流に襲われた根府川（神奈川県小田原市）の集落である．地震発生とほぼ同時に，上流部で大規模な崩壊が発生し，その崩壊土砂が土石流となって約5分後に根府川集落を襲ったのである．

写真が存在しなかった時代においては，絵図による災害記録が残されている場合も少なくない．コラム：歴史資料を防災教育に活かす（p100参照）に

図 4.3.5 明治22年（1889）の豪雨で大規模に崩壊した横山と同地点の現在（左：明治大水害誌編集委員会，1889，右：筆者撮影，2014）

図 4.3.6 明治24年（1891）の濃尾地震で禿山状になった根尾谷の斜面と同地点の現在（左：J. Milne & W. K. Burton，1891，右：筆者撮影，2014）

図 4.3.7　大正 12 年（1923）の関東地震直後に土石流に襲われた根府川集落と同地点の現在（左：神奈川県，1923．右：筆者撮影，2013）

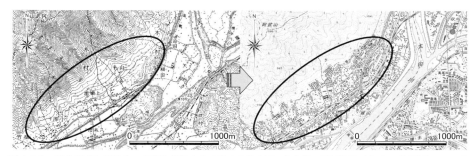

図 4.3.8　平成 26 年（2014）二石流に襲われた広島市安佐南区の住宅地の新旧比較（大正 14 年測図 25,000 分の 1 旧版地形図「祇園」「深川」，現行 25,000 分の 1 地形図「祇園」「中深川」）

は，そのような事例の 1 つとして，「宝暦高田地震」による被害絵図を紹介した．

(2) タイムリーな事例を解説する

この原稿を執筆している最中に発生したのが，広島の土砂災害であった．気象庁によって「平成 26 年 8 月豪雨」と命名されたこの災害では，近年になって開発された風光明媚な高台の新興住宅地を土石流が襲い 74 人もの死者を出してしまった．

図 4.3.8 は，被害の大きかった安佐南区の大正 14 年（1925）と現在の地形図である．住宅地が急斜面の麓にも拡大しているのがわかる．

現代の日本では，昔は住宅地でなかった土地にもたくさんの人が暮らしている．自分の住んでいる土地の特徴を改めて確認しておく必要がある．

(3) 生還者の体験を伝える

東日本大震災では，津波からの避難行動に失敗し多くの尊い命が犠牲になってしまったが，適切な避難行動から，信じられないような生還を果たした事例もある．ここで，長野県西部地震の際の土石流から生還した事例を紹介しよう．

長野県西部地震は，昭和 59 年（1984）9 月 14 日 8 時 48 分，長野県木曽郡王滝村を震源として発生し

図 4.3.9　御岳山南斜面の崩壊と土石流（写真：王滝村提供）

た．震源の深さは約 2 km と浅く，震源地付近は激しい揺れに襲われた．この地震で，御岳山南斜面をはじめ，松越地区，滝越地区，御岳高原などで大規模な崩壊が発生し，合計 29 人が犠牲になった．この人的被害は，すべて土砂災害によるものであった．

この時，御岳山南斜面で発生した大規模崩壊に伴

う土石流から，適切な判断と避難行動に基づいて生還した人がいた．田中亮治氏と太目義弘氏である．2人のとった行動は，自然災害からの避難行動において重要なことの多くを物語っていた（詳細は次のページのコラム参照）．

4.3.7　最後に—生きる確率を高めるために—

「防災は災害を知ることから」．10年以上前，筆者が小学校からの依頼を受け，防災講演を始めた頃から掲げてきたフレーズである．災害を知り，見て考えて対応する知識を身に付ける，という意味を込めている．われわれは，どんな人でも生きる権利がある．自然災害において，準備不足やほんの少しの知識や意識が足りなかったために，尊い命が犠牲になってしまう場合がある．「自分の身は自分で守る」という強い意識が必要である．そのためには，情報や知識を得ることも重要である．筆者は20代の頃，海外の辺境地を単独で旅をした経験がある．自然災害からも，犯罪からも，事故からも誰も守ってくれない状況の中，自分を守るために，情報収集に余念がなかったことを今でもよく憶えている．

歴史時代の災害事例を振り返ると，先人がそのつど教訓を示してくれているのにもかかわらず，同じ失敗を何度も繰り返していることがわかる．長野県西部地震の際，田中氏や太目氏と同じ場所にいた人たち全員が2人と同じ避難行動をとっていたら助かった可能性もある．少しの知識と意識を備えていれば助かった場面が，過去の事例にはたくさんあるのである．

自然災害から身を守る知識と意識を高め，悔いのない万全な準備を日頃から整えておくことが大切である．絶対に死なないようにすることは誰にもできないが，知識と意識を高め，生きる確率を高める対策は誰にでもできることである．

図4.3.10　糸魚川ジオパークにて防災講演

われわれ専門家は，このようなことを，知識と情熱と誠意を持って語ることが重要である．防災講演や学習会は，流暢な解説が一番重要なことではなく，1人でも多くの一般市民が，知識や意識を高めることを手助けするきっかけをつくることで，今後の犠牲者を少しでも減らすことが目的である．

そして，防災講演や学習会は，一部の専門家や被災体験者だけが行うものではなく，正しい知識をもった人が積極的に行うことで，今後の防災・減災に役立つものである．

［今村隆正］

参考文献

今村隆正・田中亮治・太目義弘（2014）：大規模土石流から生還，平成26年度砂防学会研究発表資料．

宇佐美龍夫・石井寿・今村隆正・武村雅之・松浦律子（2013）：日本被害地震総覧599-2012，東京大学出版会，694p.

神奈川県（1983）：大震災写真帳．

国土交通省多治見砂防国道事務所（2003）：資料集「御岳崩れ」，263p.

長野県西部地震の記録編さん委員会（1986）：まさか王滝に！—長野県西部地震の記録—，367p.

明治大水害誌編集委員会（1989）：紀州田辺明治大水害—100周年記念誌—，207p.

J. Milne & W. K. Burton（1892）：The great earthquake of Japan 1891.

コラム：大規模土石流からの生還

　人的被害の軽減は，日ごろからの地理的知識や防災意識，とっさの判断と適切な避難行動をとることによって大きな差が生じることがある．

　今から約30年前，長野県西部地震（1984，M6.8）により，御岳山の南斜面で発生した大規模崩壊とそれに伴う土石流から，適切な判断と避難行動に基づいて，斜面を駆け登って生還した人がいた．田中亮治氏と太目義弘氏である．

　田中氏も太目氏も，斜面が間近に迫る深い谷底の道路を車で移動中に地震に遭った．このとき，2人のほかにも数人が同じ場所にいたという．大きな揺れを感じたため，すぐに落石を用心した．また，当日は雨が降っていたので，車外へ出てカッパを着ようとしたが，カッパのズボンは避難行動に支障をきたすと判断し，着用しないという冷静な判断をした．その直後，ゴォーという音（土石流の音）を聞くと同時に，少しでも高いところへ駆け登らないと助からないという考えから，途中で土砂のしぶきを受けながらも，単独で（自分の判断で）落差30〜40mの斜面を一気に直登した．

　地震と同時に上流で大規模な崩壊が発生してから，田中氏と太目氏がいた地点へ土石流が到達するまでには約7〜8分の時間があったことが後の調査で判明している．かぎられた時間の中で避難行動を成功させた要因は，以下のようであった．

- ・今自分がいる地点の地理的知識をもっていた．
- ・土石流がどういうものかを知っていた．
- ・現場の状況や音を冷静に見聞きして判断した．
- ・避難行動の基礎知識を備えていた．
- ・単独行動（自分の判断で行動）した．

　このような知識・判断・行動の組み合わせが，大規模土石流からの避難において生きる確率を格段に高めたのである．このとき，同じ谷底にいた人たちが，田中氏や太目氏と同様な避難行動をとれていれば助かった可能性も考えられる．

　災害直後は，新聞記事にも大きく取り上げられ，多くの研究者が調査に訪れたという．災害から30年が経ち，人々の記憶からも消えつつある現在，今後の防災教育を進めていく上で決して風化させてはならない貴重な体験である．

［今村隆正］

参考文献

今村隆正・田中亮治・太目義弘（2014）：大規模土石流から生還―田中亮治氏・太目義弘氏の避難行動―，平成26年度砂防学会研究発表会概要集，B-170-171，および発表スライド．

田中亮治氏（左）と太目義弘氏（右）（筆者撮影，2014年）

4.4 コミュニティ防災のための雨量計・水位計の開発

4.4.1 開発の経緯

中米各国は，1998年に中米全体に大きな被害を与えたハリケーンミッチからの復興に際し，「社会の変革と防災の強化」をスローガンに防災体制の強化に取り組むことになったが，その中でコミュニティ防災，とりわけ早期警報を重視した．コミュニティ早期警報を推進するためには，まずコミュニティに適した観測機器が必要である．1999年グアテマラ国家防災機関（CONRED）が中心となって，水位計を開発した．

2004年ジャマイカで開催された防災会議で中米代表がこの水位計を紹介した．これをヒントに，「JICAカリブ防災プロジェクト」（当時筆者が勤務）は，協力関係にあった西インド洋大学（トリニダードトバゴ）と相談してコミュニティ早期警報用雨量計を製作した．カリブの小規模，急流河川には，雨量計も必要であった．

これらの機器を世界の他の地域へ広めるため，日本でボランティアグループが組織された（大井，大町，上田による「コミュニティ早期警報促進同好会」）．中米の水位計，カリブの雨量計を原型として改良を加え，途上国への普及活動を行っている．多くの途上国では，国の観測・警報体制が皆無または非常に遅れており，また外国の援助による機器は維持管理が難しいことから，コミュニティ独自で運用する早期警報（community-operated early warning system）が必要である．

一方，日本国内では，観測技術は向上しているが集中豪雨の観測・予測は難しく，平成23年（2011）の紀伊半島の土砂災害などから，政府（気象庁）としても，行政からの情報を参考にしつつ住民が自ら状況を把握し，判断し，行動するよう呼びかけている．このようなことから，同好会は国内での機器の普及にも取り組むこととした．

すでに日本では集中豪雨による土砂災害の増加と激化が顕在化しつつあるが，IPCC（気候変動に関する政府間パネル）も気候変動による集中豪雨の増加を予測している．コミュニティ早期警報は日本でも世界でも今後一層重要となる．

4.4.2 機器の特長

①安価なコスト：途上国で入手可能な材料を使用し安価に製作し修繕することができる．外国の援助による機器の場合に問題となるメンテナンスの問題はない．

②簡単な操作：高度な知識がなくても，誰でも操作できる．

③安全な観測：雨量計・水位計は屋外に設置するが，モニターは屋内に設置し安全に観測できる．深夜や風雨の中で危険を冒して屋外で観測する必要はない．

④効果的な機能：自動警報装置を内蔵する．あらかじめ設定した雨量・水位でブザーが警報音を発するので，深夜の集中豪雨や突然の河川の増水にも対応できる．

4.4.3 機器の概要

雨量計・水位計は屋外に設置し，屋内に設置するモニターとケーブルでつながる．雨量・水位がセンサーの各レベルに達するごとにモニターにLEDで表示されブザーが作動する．センサーの数，間隔は観測地の状況に応じ決める（図4.4.1は5段階センサーの例）．

図4.4.1 雨量計（筆者撮影）
左から電源，モニター，ブザー（以上は屋内に設置）と雨量計（屋外に設置）．

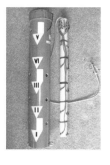

図4.4.2 水位計（筆者撮影）
多孔ケースとセンサー．センサーは多孔ケースの中に設置される．

4.4.4 観測機器の普及
(1) 普及活動の概要
JICA事業，国際機関訪問，国際会議などさまざまな機会を利用して機器を紹介・提供し，また国際機関に対してはそれぞれのネットワークを通じて広報するよう依頼している（表4.4.1）.

(2) 製作・設置技術移転研修
自立した製作・設置・操作を促すため，途上国に出向き技術移転研修を行っている.

(3) 普及の成果の事例
① スリランカ

2007年11月22日の深夜にNagalakanda村で土石流が発生した．観測人は手続きにしたがって雨量が基準雨量12時間あたり150 mmを超えたことを報告し，人々は事前に避難し人的被害はなかった.

② ICIMOD（国際山岳地域開発センター）の国連表彰

ICIMODは，2010年のネパールでの機器製作・設置技術移転研修に参加以降，機器を自作し，インド・アッサムのコミュニティプロジェクトに設置，くり返す洪水に効果をあげている．2014年のCOP20（第20回国連気候変動枠組条約締約国会議，リマ）で表彰された.

図4.4.3 ネパールでの技術移転研修（雨量計製作）（筆者撮影）

図4.4.4 ケニアでの技術移転研修（雨量計設置）（筆者撮影）

表4.4.1 観測機器を紹介・提供し普及活動を行った例

国外	
国	フィリピン，タイ，ラオス，インドネシア，ミャンマー，ネパール*，スリランカ フィジー*，ソロモン*，ケニア*，サントメプリンシペ *現地で製作・設置に関する技術移転研修を実施した国
国際機関	世界銀行，WMO，ESCAP，国連早期警報促進機構（IPPEW），国際赤十字連盟
国際会議	WMOサイクロンパネル（2012），第4回水フォーラム（2006）
国内	
地方自治体	和歌山県（那智勝浦町），福島県（只見町，南会津町），長野県（青木村，生坂村，伊那市），愛知県（岡崎市），三重県（いなべ市）
JICA研修	集団研修（中米防災研修，洪水・気候変動研修，土砂災害防止マネジメント研修など），JICA職員研修
大学など	筑波大学，京都大学，群馬大学，広島大学，富士常葉大学，ICHARM，アジア防災センター（ADRC）
国際会議	東京気候会議（2014），国連カリコムシンポジウム（2013），世銀TDLCセミナー（2011）
広報誌など	「国際砂防ネットワーク」（国際砂防協会），「砂防と治水」（全国治水砂防協会），「sabo」（砂防・地すべり技術センター）

図4.4.5 スリランカ雨量計と観測人家族
出典：JICA「気候変動に対応した防災能力強化プロジェクト」プログレスレポート（2011年）

図4.4.6 ICIMODのコミュニティ早期警報に対するCOP20での表彰式（出典：ICIMODホームページ）

4.4.5 同好会の機器以外に国内国外で使用されている機器の例

同好会の機器が途上国のコミュニティのすべてでベストとはいえないので，同好会は途上国・コミュニティがそれぞれの災害発生状況，財政・技術などに応じ機器を選択できるよう，国内国外で使用されている機器についても情報を収集し提供している．またこの情報を国際機関と共有し，世界的なインベントリーを構築することも検討している．

① 長野県青木村のワンカップ雨量計

180 ml のワンカップの内側に 10 mm 単位の目盛が刻まれている．各家庭の庭先に置き雨量を観測する．雨がカップからあふれると 100 mm である．

青木村の各地区では，つぎのいずれかの状況になった時，自主避難を開始する．
・累加雨量が 100 mm を超えたとき
・5 つの「重要予兆」のうちの 1 つ，または 12 の「その他の予兆」のうちの 3 つが確認されたとき（予兆は地区住民が相談してあらかじめ決めてある）
・村役場から避難勧告が出されたとき

② インドネシア地すべり警報システム

ガジャマダ大学が開発したものである．価格，技術面で必ずしも多くの国に汎用的ではないが，インドネシアではこの程度のレベルの機器を大学と連携しながら運用するニーズは高い．

警報装置（回転灯，スピーカー），コンピュータおよび計測機器（雨量計，伸縮計，水位計，傾斜計）で構成される．雨量計は，転倒升型雨量計で時間雨量が連続的に記録される．

③ 台湾の雨量計

台湾では国で訓練を受けたボランティアが各村に派遣されている．ボランティアは図 4.4.9 に示す雨量計で大雨を観測して国に報告し，国から土石流警報を出す．

④ フィリピン・ミンダナオ浸水警報装置

河川沿いの低地の家の縁の下に長短 2 本のステンレス棒をぶら下げてある．氾濫水位が短い棒の下端に達すると通電し自動的にサイレンが鳴る．家主（電器商）の自作であるが，カリブの雨量計と同じアイディアであることは興味深い．

図 4.4.7 ワンカップ雨量計（筆者撮影）

図 4.4.8 インドネシア・ガジャマダ大学が開発した地すべり警報器（出典：ガジャマダ大学ホームページ）

図 4.4.9 ポータブル雨量計と防災ボランティア（出典：雨量計は筆者撮影，ボランティアは台湾水土保持局提供）

4.4.6 コミュニティ早期警報への取り組みと土砂災害教育について

以上，コミュニティ早期警報，とくに観測機器について，「コミュニティ早期警報促進同好会」の活動を中心に紹介した．同好会の活動は，「住民のための早期警報」（early warning for community）という

図 4.4.10 フィリピン・ミンダナオの浸水警報装置（筆者撮影）
縁の下の長短 2 本のステンレス棒で浸水を感知する．

より，機器の製作，観測を含む「住民が自ら行う早期警報」（community-operated early warning）を目指すものである．このようないわば「手づくりのコミュニティ早期警報」は，人々が自然現象に接し自然現象を体験的に理解する機会を与えるという点で，防災教育的観点からも大きな意義があると考える．

雨が激しく降っていても時間雨量を推定できない．テレビで時間雨量 50 mm の大雨が降るという大雨警報にも実感が伴わない．川の流れを見ても流速がわからない．秒速 3 m の洪水といわれてもその速さを想像できない．「時間雨量」，「秒速」の意味を知らない，知る機会がなかった．こういった人が案外多いのが現実である．予報や注意報などに受け身で接しているだけでは「定量的表現」を実感できないのもやむをえない．

このようなことが，災害時の行動に適切さを欠く原因の 1 つではないかと考える．気象予報の精度が向上し，注意報・警報の文章表現に工夫がされても，適切な避難行動に結び付くためには，住民の側でこのような五感による自然現象に対する理解・認識が前提として必要である．現代は，過剰な情報に単に受け身で接するのみで，感性が次第に劣化しつつあるのではないかと憂慮される．

古い資料であるが，「降雨を視覚化する自作雨量計の製作」（笠井，1998）がある．「小学校理科の学習では，五感を通して実験・観察させたり，主体的に調べようとする意欲を高める指導が重要視されている．降雨の観察については，屋根に当たる雨音や木の葉の揺れ方である程度観察できるが，雨量を目で観察することはなかなか難しい．そこで，雨量を視覚で確かめられる観測器具を開発してみた」という書き出しから始まるこの論文は，同好会の思いと軌を一にする．

数年前，地元中学校の理科の教員の集まりに参加し，雨量計・水位計の説明とデモンストレーションを行った．教員に機器のつくり方を覚えてもらい，生徒と一緒につくり，地域の防災と一体となって観測をしてもらいたいと考えたからである．また，ネパールでは，毎年新しい小学校を選定し，雨量計を贈呈するとともに防災作文・絵画コンクールも行っている（NPO ネパール治水砂防技術交流会と同好会の共同事業）．

これからの防災は「行政主体の防災」から「行政と住民が主体の防災」といわれる．住民重視の防災を推進するため，防災教育は今後いっそう拡充していくと思われる．ちなみに文部科学省の学習指導要領（小学校理科）では，「自然に親しみ観察，実験などを行い問題解決の能力と自然を愛する心情を高めるとともに，自然の事物・現象について実感を伴った理解を図り科学的な見方や考え方を養う」と書かれている．コミュニティ用雨量計・水位計は，このような趣旨の学校教育に適した教材である．積極的に活用してもらいたい．

第 3 回防災世界会議（平成 27 年（2015）3 月，仙台）は，「仙台防災枠組 2015-2030」を採択し，各国が防災を推進するための「優先行動」を列挙している．その中にも学校教育を中心とするさまざまなレベルの教育の重視（パラグラフ 24）およびコミュニティ防災に関連して「簡単で廉価な早期警報機器の適用の促進」（パラグラフ 33）が含まれている．

土砂災害が増加しコミュニティ防災が重視される中，雨量計・水位計の開発・普及が国内外のコミュニティ防災の促進に直接的に役立ち，またこれらの機器がコミュニティ防災を支える学校教育の現場でも活用されるということから，機器の開発・普及の重要性がますます増大しつつある．このことが同好会メンバーのモチベーションの 1 つである．

［大井英臣・大町利勝・上田　進］

参考文献

笠井雅秋（1998）：降雨を視覚化する自作雨量計の製作，研究紀要 10．北海道立理科教育センター．

4.5 地域住民がつくるハザードマップ

4.5.1 作成の経緯

　阪神淡路大震災をきっかけに平成7年（1995）9月，広島市伴地区自主防災会連合会が設立され，伴地区4小学校区（伴・伴東・大塚・伴南）の町内会が集い，会員数7,800人となった．阪神淡路大震災規模の地震を想定し，避難訓練を計画する際，安全な避難経路を策定することになった．その際，避難所や避難経路を住民にわかってもらわなければ意味がない．住民にわかってもらうためには，防災マップハザードマップを作成して各家庭に配付するのが一番と考え，住民の手による「わがまちの防災マップ」づくりが始まった．

　しかし，いざつくろうとすると，地図に何を記入するのか，どんな記号にするのかなどいろいろな問題が出てきた．はじめは阪神淡路大震災を教訓に，水，救出道具，炊き出し道具など3つを思い付いたが，その後，広島市消防局・安佐南消防署のアドバイスを受けながら，約40種類の情報にまとめた．22町内会ごとにある自主防災会がそれぞれ「わがまちの防災マップ」を作成した．この防災マップの実証避難訓練を平成11年（1999）7月1日に計画したが，直前の6月29日，広島県南西部の数箇所で土砂崩れや河川の氾濫が発生した．

　この土砂災害を教訓にし，地域を歩き直した．以下に伴地区の特色をあげる．
・宅地のほとんどが山裾の斜面に開かれている．
・多くの新興住宅団地が造成されるなか，昔ながらの集落も点在する．
・住宅の多くは地盤が弱い場所や急傾斜地に面していたり，土石流危険箇所に含まれている．

　この豪雨災害以前は，住民の間には災害に対する漠然とした危機感はあったものの，それが組織的な防災活動に結び付くことはなかった．しかし，災害以後には，「土砂災害という危険がすぐ隣にある」という危機感を共有することになった．

　6.29豪雨災害の教訓として，以下の事項があげられる．
・避難勧告の遅れ
・広島市の情報収集体制が不十分
・住民への情報伝達が不十分

表4.5.1　平成11年6月29日被害状況

人的被害	死　者：20人 負傷者：45人
住家の全壊半壊	203棟
住家の一部破損	125棟
床上・床下浸水	762棟
土砂災害	676件
避難者数	1,420人
被害総額	約167億円

図4.5.1　平成11年6月29日災害の様子

　避難勧告の遅れについては，従来の避難勧告の方法が見直され，同時多発する土砂災害に対応した避難勧告の基準が策定された．

　広島市の情報収集体制が不十分ということについては，各種データ収集など科学的データを活用し，多角的に情報収集に取り組むこととなった．

　住民への情報伝達が不十分という点については，ありとあらゆる手段を活用して危険情報を住民に伝達することとされた．

　広島市では，これを契機として土砂災害に関わるハザードマップが全住戸に対し配付された．

　このように，6.29豪雨災害後に防災の専門家と住民目線での検討が行われ，広島市地域防災計画が見直された．

4.5.2　マップの概要

　約40種類のマークを駆使し，地域の防災情報を細かく落とし込んでいる．

　作成にあたって事前の調査を行い情報の収集を行った．事前調査の項目を以下に示す．
①昭和46年（1971）以前の住宅

昭和46年（1971）以前の住宅は，福井地震災害を機に改正された建築基準法に定められている筋交いなどの補強が不足しているため，一般的に地震に弱いとされている．

②寝たきり家族世帯

災害時に弱い立場にある人を防災マップに記載し，自主防災会の組織で認知しておき，災害時には組織の力で救出・救護することは人道上大切だと考えている．

③手押しポンプ井戸

手押しで飲み水を給水できる井戸で，災害発生時には上下水道は必ず断水すると想定し，平素から所有者に緊急時の使用について了解を得ておく．

④電動ポンプ井戸

電動ポンプで給水できる井戸で，災害発生時には停電することも想定し発動発電機を活用し，飲み水の水源として所有者に了解を得ておく．

⑤発動発電機

災害時に停電することを想定し，照明，暖房，炊事，家電機器の電源に活用する．

⑥炊き出し用具

多人数用の鍋，釜，食器類の所在をあらかじめ把握し，所有者に緊急時の使用について了解を得ておく．

⑦救出用機器

削岩機，エンジンカッター，チェーンソー，ジャッキ，大バール，のこぎり，金槌，斧，ハンマー，スコップなどを所有している家屋を把握し，所有者に緊急時へ使用について了解を得ておく．

⑧救護の人員確保

地域に居住する医師，看護師などの有資格者で，現在その業務に従事していない経験者の人に協力を要請しておく．また，自主防災会でも普通救命講習会を受講し，必要な知識と技術を習得し，救護班の充実を図っている．

⑨避難場所要望アンケート

各町内会，自治会に災害の種類に応じた避難場所を決めてもらう．これには，緊急に避難する一次避難場所（ちびっこ広場・公園），町内会単位で避難する二次避難場所（集会所），長期にわたり避難する生活避難場所（各学区の小学校）の3箇所の避難場所を地震，土石流・崖崩れ，洪水の代表的な災害別に検討，選定してもらう．

これらの事前調査をもとに作成した防災マップの凡例と完成版を以下に示す．

4.5.3 マップづくりのポイント

防災マップを作成するにあたり，以下にポイントを示す．

①なるべく多くの住民を巻き込む

・いろいろな視点が加わり，より充実した地図となる．

凡 例

記号	名称		記号	名称
○	区役所出張所		○	消火栓
	消防出張所			防火水そう
防	消防団車庫（自主防災組織救助資材置場）			プール
	警察署・交番			池水
	救急告示病院・診療所			寝たきり家族世帯
	広域避難場所			発動発電機
	生活避難場所			炊き出し用具
	近隣避難場所			救出器具
	水防避難場所			救護等の人材確保
	目標場所			手押しポンプ井戸
	下水処理・清掃工場・埋立地等			動力ポンプ井戸
	備蓄倉庫			薬局（ミルク）
	災害ボランティア活動拠点			公衆トイレ
	臨時ヘリポート			公衆浴場
水	浄水場・緊急遮断弁付配水池等（飲料水が供給されます．）			公衆電話
急	急斜傾地			避難道路
	防災行政無線屋外受信機			主要道路
	屋外放送設備			緊急輸送道路
				土石流危険渓流
46	昭和46年以前の住宅			急傾斜地崩壊危険箇所

図 4.5.2 ハザードマップの凡例

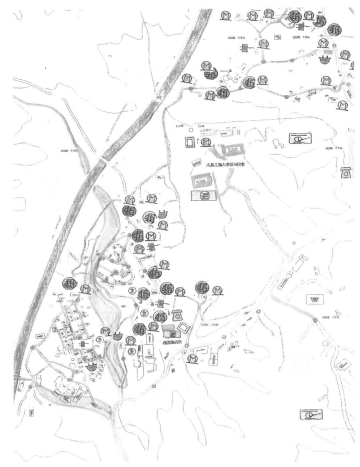

図 4.5.3　ハザードマップの一例

・作成の過程で情報が共有できる．
・住民どうしのつながりが深まる．
・災害に対する危機感を共有し，助け合う意識の向上を図ることができる．
② 作ったマップを検証・随時更新
・実効性の確認のための訓練を行い，問題点や課題の抽出を行う．
・より現実的な場面を想定し，夜間宿泊訓練や，発電機を使用した停電訓練，給水車を要請した給水訓練など行っている．

4.5.4 「わがまち防災マップ」の作成において苦労，工夫した点

① 土石流危険箇所の表示記入をすることで「土地評価が下がる」との理由から，各町内会長，役員が各世帯を回って，対象住民を説得した．

また，「寝たきり家族世帯」など災害時要援護者についての情報も，当初，民生委員だけが把握していたが，命と個人情報とどちらが大切かということについて，本人や家族と町内会長などが，半年から1年かけて話し合い記載することができた．今では，マップへの理解も高まり，掲載することについても賛意が得られるようになった．昭和46年（1971）以前に建てられた家屋は，昭和46年（1971）の福井地震災害を機に建築基準法が改正される以前のものであるため筋交いが少なく一般的に地震に弱いことから各町内会長，役員が各世帯を回って，対象住民の理解を得た．

② 住民への周知方法として，マップでは大きく経費がかさんだため，A3判に縮小して全住戸に配付した．

③ 地図の著作権の問題に関しては，広島市消防局が

図 4.5.4 防災訓練の様子
（左上・右上）児童を交えた消火訓練，（左中）避難経路の検証状況，（右中）夜間宿泊訓練状況，（左下）要介護者誘導状況，（右下）炊き出し訓練状況

作成したものを譲り受け，各町内会に作成した．
④新たな豪雨災害などが発生した場合，その箇所を随時，追加記入している．
⑤危険箇所は，広島市指定の土石流危険箇所の追加記入を行った．

4.5.5 最後に

マップを作成して以来，毎年8月の最後の土日に，防災訓練を行っている．毎年訓練を通して被災経験を確認するとともに，次世代に継承していこうとする発想である．訓練はその開催地区が中心とならざるをえないが，開催地区以外の地区からも支援隊として参加してもらうことで，全体的な訓練を目指している．また，防災訓練の1箇月前には防災を特集した「連合会だより」を各戸に配付して防災訓練の意識付けを行ったり，訓練後には必ずアンケートをとるようにしている．回答には「1回ではわからない」などの意見も多数あり，住民も再度の訓練を希望していることがうかがえる．さらに，公民館などで過去の災害の写真を展示し，防災の大切さを忘れないようにしている．このほか，盆踊りや町民運動会，祭りなどの行事のときには，防災意識の啓発や防災行動の訓練となるようなことを取り入れるなど，いろいろと工夫して，防災訓練以外の機会も有効に活用するようにしている．

これらの地域が活動する場合は，必ず行政に連絡し，専門的分野からの指導，助言を得ている．その役割を地域が育てている防災リーダーが代表となり，危険箇所の訂正や要望を行政に吸い上げてもらい，地域の防災強化に助力してもらっている．この防災

リーダーの育成は必須で，広範囲にわたる災害の場合，行政にも限度があるため，「自分たちの命は自分で守る」という意識が防災には不可欠だと考えている．この中心に防災リーダーがいる．

そして，愛する郷土を守るため，自らが何をすべきか，地域で何に取り組むべきか，どんな備えが有効なのか，行政の協力を得て地域が一体となって，模索し実践し続けている．

［原田照美］

4.6 災害図上訓練と地域防災啓発

4.6.1 地域防災と災害図上訓練

土砂災害に対する防災について，それを啓発するためには，まずわれわれは何から始めればよいのだろうか？それは，災害が発生したときに，住民の命を脅かすものがないかを住民自身が探し，それを回避するための方法を考えることである．しかし，普段はその姿は見えない．そのような災害の危険性，すなわち災害リスクは普段「幽霊」のように隠れており（潜在化の状態），あるとき，「化け物」のように現れる（顕在化，発現する）ものである．それが顕在化したときにとらえるべき観点は，その発現によって影響を受ける範囲と，それが発現するまで，あるいは発現してからそれが進展する早さである．つまり，図 4.6.1 のように「面（どこが）」と「時間（いつ・いつまで）」という 2 つの観点からとらえることになる．とくに，土砂災害のように，それが現れてから（お化けが突然現れてびっくりした）では手遅れで，それが出現する前に，「面」と「時間」の観点から議論し，事前に備える必要がある．この見えないものを見える化して具体的に議論を進める防災啓発手法が，災害図上訓練 DIG（disaster imagination game）である．

DIG は，参加者が地図を囲み，書き込みを行いながら楽しく議論することで，わが町に起こりうる災害像をより具体的にイメージすることができる防災教育，ワークショップツールの 1 つである．DIG の意図するところは，まだ見ぬ災害を想像し，考え，試行錯誤をくりかえして検討するということである．近年，多くの住民向け防災研修で実施されるようになったが，筆者はそれにとらわれず，disaster（災害）に関わる地域の諸問題，例えば防犯に対する道具としても DIG を活用している．ここで，重要なのは DIG が単に住民の受けがよい，盛り上がるといった理由で多く用いられるのではない．地図に色を塗り，時系列に沿って対応内容について議論をすることは，危機管理・防災を考えるうえで，必要な作業工程といってもよい．本節では，自然災害に関する地域防災の考え方をふまえて，DIG がもつ意義や啓発の効果との関係について説明する．

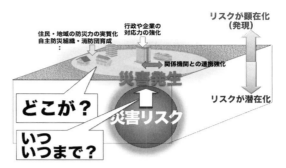

図 4.6.1 地域防災の考え方

図 4.6.2 DIG 実施風景（地図に着色する住民参加者たち）

4.6.2 災害図上訓練 DIG の概要

近年多くの防災研修会で DIG を実施する機会が増えてきた．DIG は地域防災の流れの牽引役であるともいえる．以下に DIG の実施手順の概要を述べる．

(1) 準備

ワークショップスタイルでグループワークができるように参加者を集め，テーブルの中心に対象地域の白地図（都市計画図など）を用意し，その上から透明シートをかけてとめる．準備するものとしては以下のとおりである．

・白地図（都市計画図など）と透明シート
・油性マーカー
・油性マーカー消し（液体肩こり治療薬など）
・丸型シール（赤，青，緑，白）
・付箋紙
・模造紙など

また，自治体が作成している洪水や土砂災害危険

箇所を示したハザードマップも用意する.

(2) 共通の作業（面：どこがの確認）

普段は気付かない自分が住んでいる地域の地形やまちのつくりを考え，色を塗ったり，シールを貼ったりすることにより，その存在や位置関係を顕在化する．作業は以下のとおりである.

- 災害時に多目的に利用できる空間（緑色）
- 河川，ため池，用水路など（青色）
- 鉄道（黒色）
- 避難所，避難場所（緑色丸シール）
- 防災資源（青色丸シール）

また，災害時における要支援者についても検討する．なお，平成25年（2013）に災害対策基本法が改訂され，市町村による避難行動要支援者の名簿の作成が義務化された．その中で，避難行動要支援者情報には守秘義務がかかるため，地域住民どうしの情報共有が難しいという課題がある．そこで，DIGでは守秘義務のかからない要配慮者の呼び方を用い，図面上の要配慮者の家に白色丸シールを貼って情報共有することにした．

(3) 浸水・土砂災害の把握（面：どこがの確認）

研修開始の冒頭で，研修対象地域の洪水や土砂災害のハザードマップをあらかじめ配布し，DIGの地図にハザードマップの浸水情報を書き写させる．これにより，対象地域の水害や土砂災害に関する影響範囲といったリスクを住民に認知させることができる．

- 土砂災害範囲を茶色で塗り写す．
- 水害では最悪垂直避難で助かる範囲として浸水深2m未満程度を水色で，それ以上を紫色で塗り写す．
- 風水害，土砂災害時の危険箇所（赤色丸シール）

以上のDIGの色塗りなどの作業を通して，配布のみで利用されていないといわれているこの種のハザードマップを有効に活用することができ，研修後には受講生のハザードマップに対する認識が高まる．

(4) 水害・土砂災害への対応（時間：いつの検討）

つぎに，具体的な災害が発生しそうという条件で対応の検討を行う．具体的には，過去災害をもたらした気象状況や台風進路，進路予想，降雨量を設定する．これを条件として，図4.6.3のように要配慮者や住民の避難方法の検討や，図4.6.4に示す降雨または風雨状況の悪化前から水害，土砂災害までの間における段取り，活動，必要となる資機材につい

図4.6.3 DIGでの面に対する対応検討課題例

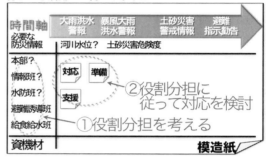

図4.6.4 DIGでの時間に対する対応検討課題

て時間軸に沿って検討させる．このとき，得られた対応や活動の意見が実際に現場で実行可能かどうかを訓練によって現場検証するように導く．なお，啓発する上で土砂災害に対する対応は地震とは異なり，地域の対応活動は発災前の事前型であることを強調する．

以上をふまえ，不足している備えや準備，資機材とこれからの活動について検討させる．

4.6.3 防災啓発手法の考え方―仕込む教育，引き出す教育―

つぎに，防災啓発を含む防災教育のうち，教育手法とDIGとの関係について説明する．その前に「防災」という言葉は「情報」という言葉と同様にそれ自体意味をもたず，必ず何かの単語と結び付けて使用する．例えば，「学校防災」とか，「企業防災」といった具合である．このとき，はじめて防災の意味が実体化する．なぜなら，学校防災でいう「防災」

と企業防災でいう「防災」はその内容，考え方が違うはずである．つまり，防災に加えられた「企業」や「学校」の特徴そのものが防災に反映されるわけである．したがって，防災教育は教育の方法が防災を支配することになる．

ところで，現在行政が行っている防災啓発に関わるおもな事業を列挙すると，

　①防災講演会
　②防災シンポジウム，フォーラム
　③防災ワークショップ
　④防災訓練

となる．ここで，これらの防災啓発の特徴と効果を考えると，①や②は，講師が一方的に伝える「仕込み型」であり，きっかけづくりや意識を高めるという点ではよいが，受け身的な防災啓発のみでは，行動には結び付かず，地域の防災力の向上にはつながらないといえる．したがって，毎年自治体主催の防災講演会やシンポジウムをくり返しても住民の防災力の関心の高まりが活動の実質化へとつながらないことがわかるだろう．

一方，③やシナリオのない④は，「引き出し型」となり，手間と時間はかかるが，住民自らが議論して考えることになる．この③の手法の１つとして位置付けられるのが，DIGにあたる．つまり，土砂災害に対しての備えやそれが起きる前の地域としての対応は住民自身が考えなくてはならないといえ，教育上引き出し手法として位置付けられるDIGが有効であるわけである．防災を指導する立場の者は，これらの研修方法を教育的な観点からみたときにもつ特徴やその効果を理解した上で，防災啓発ツールを選定，実施する必要がある．

以上のDIGと防災啓発を流れに沿って整理すると図4.6.5になる．先ほど説明した防災教育手法も踏襲し，最初は講演，講義による動機付けが「仕込み型」啓発となり，以後は面と時間について，住民が自分で答えを導く「引き出し型」啓発となっている．これは住民にとっては，地域防災の進め方であり，行政にとっては啓発のための事業の戦略になりうる．この流れを概観すると，「ゆさぶり・動機付け」，「面」⇔「時間」に対してそれぞれ「机上で検討」⇔「現場で検証」の組合わせを検討することで，行政が行う自主防災育成事業，プログラムとすることができる．

4.6.4　災害図上訓練の概念—DIGの位置付け—

DIGは住民のためだけの啓発ツールではなく，行政訓練にも用いる．ここで一般的な図上訓練の概念について説明する．現在行政で実施されている図上訓練で最も多く使われているものにロールプレイング訓練がある．これは，災害対応において職員がそれぞれの役割を担って（ロールプレイング＝役になって），訓練をするものである．自衛隊では指揮所訓

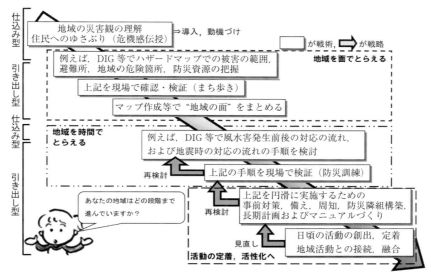

図4.6.5　防災啓発の流れ

練（CPX：command post exercise）とも呼ぶ.

ロールプレイング訓練も DIG も元来同じ図上訓練である．では，何が違うのだろうか．図 4.6.6 を見ると，まず訓練を受ける組織が対応のためのマニュアル類や行動基準を策定しているかにより，ロールプレイング訓練か DIG を行うべきかが異なる．もしマニュアルができているなら，それに応じて対応を検証すればいいので，いわば俳優が台本と演技の最終確認をするために，劇を通しで（時間の流れにのって）稽古をするのと同じである．これがロールプレイング訓練のもつ意味で，その役になりきり，思考，行動を体験してみるという手法からきている訓練名である．したがって，対応する時間もリアルタイムで実際の時間の流れに近く，かつ次々と入ってくる災害状況や情報を紙などの媒体に記載して訓練参加者付与する形で課題提示して訓練を行う．

一方，自主防災組織のような住民組織は，その多くが初動・対応マニュアルなどを作成しておらず，災害時の動きを 1 つずつ検討し，積み上げていく作業がまず必要となる．さらに，その前提として，地域の災害環境や地域の防災資源を把握するために，マーカーによる着色などを通じて潜在情報を顕在化する作業が必要であり，DIG の冒頭で色を塗る理由がここにある（面の把握）．そして，時間の流れを少しずつ進めながら計画づくりをしていくわけである．じっくり考えてもらうために，課題という形で参加者に情報を少しずつ提示する．もちろんこれも課題数を徐々に増やし，災害直後からリアルタイムに細かく課題を出せば，いずれ先に述べた付与と呼ばれるロールプレイングの提示方法になる．

このようにロールプレイング訓練と DIG は，参加者の状況でその使い分けができる．例えば，行政向けであっても初動マニュアルが策定されていないような武力攻撃やテロ対応の訓練を行うのであれば，図上訓練は DIG 方式をとる方が職員の個々の対応の理解と情報共有もでき，教育・訓練の効果も高いといえる．

4.6.5 DIG の役割

防災は字の通り災いを防ぐと書くわけだが，実際に災いに遭ってみないとわからないこともある．しかし，それでは大切な人命を落としかねない．そこで，仮想の災害を設定し，困ってみることで，必要な備えや準備がわかる．それが DIG の真の役割であり，大きな目的ともいえる．付け加えるなら，DIG は単に災害対応のみを検討するだけではなく，災害前に今から何をすべきかを議論することに力点を置くべきである．ちなみに，このように未来がある程度わかっていて，それに向けてことを進めることを図 4.6.7 に示すような「バックキャスト」という．とくに，事前に準備と対応が必須な土砂災害へは，このバックキャストの考え方をもとに，地域が日ごろから準備をさせるよう導くことが重要である．

4.6.6 指導方法を使い分ける

先にも述べたとおり，防災教育・啓発にはそのやり方には意味があるということを説明してきた．したがって，防災研修を実施する際に，講師はその研修での役割をわきまえておく必要がある．以下に研修の指導の際のタイプについて列挙する．

例えば，災害図上訓練などで

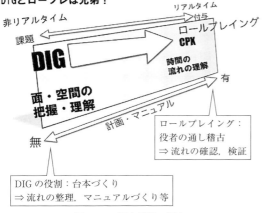

図 4.6.6　図上訓練の概念

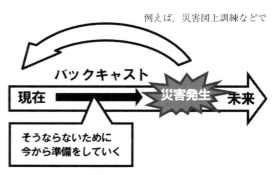

図 4.6.7　DIG の役割

①インストラクター型：指導者・伝授タイプ
　資機材操作法の説明，知識・技術の指導，講義
②インタープリター型：解説者・仲介タイプ
　仕組やメッセージを解説，要約
③ファシリテーター型：促進者・触媒タイプ
　参加者自身の気付きを促す

　ここで，①は講演会で知識を提供したり，消火器の使い方や担架での搬送方法などを指導するときの講師のタイプで，例えば消防職員が得意である．DIG でいえば，研修冒頭で行う「揺さぶり」といった動機付けをさせる説明をする際の伝授タイプとなる．また，②インタープリター型は翻訳型ともいえ，説明をわかりやすく言い換え，伝える役割となる．例えば，防災ワークショップ実施の際に，おもにテーブルコーディネーター（スタッフ）が講師の説明や課題を参加住民にわかりやすく要約，言い換えて説明を行う場合が該当する．最後に③ファシリテーターは，防災ワークショップ全体の雰囲気をつかみ，答えを参加者自身が見い出せる環境づくりや議論の活性化などを行う．さらに，ワークショップの方向性や内容をコントロールしていく．DIG を実施するファシリテーターがまさにこれで，①から③にいくほどワークショップなどの研修の実施経験とスキルが要求される．

4.6.7　地域での研修の注意点

　地域は，そこの自然条件も含め，風土，住民気質，歴史，習慣など多種多様な違いをもっており，それを土台にしてコミュニティを形成している．さらにその上に過去の災害履歴が加わり，防災意識の高低もさまざまで，これを「地域性」と呼ぶ．したがって，そこで実施する地域防災もそれにあわせた処方箋が必要となる．研修前に考慮すべき一例を列挙する．

・推進を働きかけている地域のリーダーが孤立状態（勇み足）になっていないかを調べる．
・その地域が過去において被災経験をしていないかを確認する．そういった地域には行政に対する不信感があり，研修をきっかけに不満が噴出することがある．
・研修の目的，最終的な落としどころ，帰着点を行政側と地元とで協議して明確にする．すなわち，講演などの研修形式とするか，どこまで現実に則して実施してよいかを確認する．

　このように，地域に密着して研修を実施する際には，地域に入ってすぐに研修ができるものではないということを理解しておくべきである．　　［瀧本浩一］

4.7 地域とつくる防災啓発プログラム—岩手・宮城内陸地震を語り継ぐ一関市災害遺構—

災害遺構とは，災害の記憶を伝承させ，将来の減災へつなげることを目的として，過去に発生した災害の痕跡を保存したものである．ここで取りあげた一関市に設置された災害遺構（旧祭時大橋，市野々原被災地）は，岩手・宮城内陸地震のいわば爪痕である（ここでは一関市災害遺構と呼ぶ）．これらを保存することで，住民らの防災意識の啓発，および災害の記憶の伝承を目指すものである．

国内における災害遺構の事例としては，有珠山の2000年山麓噴火の災害遺構などがあげられる．この噴火では直接の犠牲者こそ出なかったものの，長期の避難や泥流，火山灰などによる住民生活への被害は多大なものであった．泥流と火山堆積物で埋もれた住宅や，熱泥流で押し流された「木の実橋」などの災害遺構を保存することで，減災啓発に役立てるとともに地域の活性化につなげるための活動が行われている（石川，2010）．

4.7.1 一関市災害遺構の概要と経緯

一関市災害遺構のうち，旧祭時大橋が災害遺構として保存されるに至った経緯について，ごく簡単に述べる．岩手・宮城内陸地震は平成20年（2008）6月14日午前8時43分頃，岩手県南部を震源として発生した．地震の規模はマグニチュード7.2，岩手県奥州市と宮城県栗原市においては最大震度6強を観測した．人的被害をみると，17人が死亡，6人が行方不明，負傷者は448人となっている（一関市，2012）．なお，死者の多くは土砂災害によるものであった．

国道342号に架かる祭時大橋は，この地震により秋田県側の尾根全体が地下深部で滑り崩壊を起こし，秋田側の橋台，橋脚と橋げたとが一関側に約11m移動したことにより落橋したと推定されている．その他，市野々原地区においては大規模な地すべりに伴う河道閉塞が発生するなど，各地に大きな被害をもたらした．

当初，落橋した旧祭時大橋を保存しようという取組みは，災害復旧工事に関わっていた国土交通省岩手河川国道事務所，林野庁岩手南部森林管理署，岩手県一関市土木センター，同一関農林振興センター，一関市の各機関ごとに進められようとしていた．そこで，復旧工事と同様に各機関が連携して整備を行うことで役割の重複を避け，互いに補完し合い，また，統一感をもたせることで，見学の効率化やわかりやすさを向上させるため，合同で災害遺構の整備計画を策定することとした．

計画段階において，県は「橋台2基と秋田県側の橋脚1基を残して，それ以外は上部工も含めてすべて撤去する」との意向を示していた．しかし，それでは見学時に災害の脅威が伝わりにくいとの理由から，一関市が橋梁上部工の一部（秋田県側）保存を提案し，遺構として一関市が管理するという条件で県がこれを承諾，現在の形で保存されるに至った．復興にあたり，震災の教訓を忘れてはいけないと被災現場の保存を決断し，防災教育や学習の場に役立てるため災害遺構として残した（岩手河川国道事務所，2011）．また，「防災意識の啓発」，「災害記憶の伝承」を目的として，被害が集中した一関市西部の山間部が現在も保存されている．

一関市災害遺構の主な4つの見学場所について以下で説明する．祭時地区では（1）落橋した旧祭時大橋，（2）祭時大橋見学通路，（3）祭時被災地展望の丘の3箇所を，また市野々原地区では，（4）市野々原被災地展望広場があげられる．

(1) 旧祭時大橋

一関市災害遺構のメインとなるのは，この旧祭時大橋の存在である（図4.7.1）．国道342号にあった祭時大橋は，地震の揺れにより橋台・橋脚が乗った秋田側の尾根が地下深部ですべり崩壊を起こし，一関側に約11m移動したことにより落橋したと推定されている．地震当時，橋の落橋により国道342号

図4.7.1 落橋した旧祭時大橋（一関市（2012）より引用）

が寸断され孤立してしまった地区の住民は，自衛隊のヘリコプタにより救助された．この落橋した橋の様子は，一関市災害遺構の中でも大きなインパクトを見学者に与えている．

(2) 旧祭時大橋見学通路

地震による被害は橋だけでなく，周辺の道路にも及んだ．見学通路沿いには，地震後の道路が地すべりにより地割れした損壊状態がそのまま保存されており，見学通路を歩くことで，被害の大きさを体感することができる（図4.7.2）．また，見学通路を利用することで落橋した現場の近くまで行くことができる（図4.7.3）．図4.7.3の写真は平成25年（2013）6月に実施された小学生向けの防災学習会である「磐井川砂防探検隊」の際のものである．

(3) 祭時被災地展望の丘

旧祭時大橋を見渡すことができる展望台である．ここでは，約1500 m^{2}のスペースに東屋や駐車場，解説パネルなどを設置している．また，岩手・宮城内陸地震により落橋した旧祭時大橋や，地すべりによる被害は災害遺構としてそのまま保存されている．

さらに，この展望の丘からは崩落被害の状況全体を見学することが可能であり，また，旧祭時大橋の橋脚はオブジェ化されて展示されているほか，被害と復旧の取組みについて紹介したパネルも展示している．

(4) 市野々原被災地展望広場

災害当時，磐井川右岸では大規模な地すべりが発生した．この地すべりによる崩壊土砂約173万 m^{3}は磐井川を幅約200 m，長さ約700 mにわたり堰止め，上流側に大きな天然ダム（湛水面積20万 m^2，湛水量179万 m^3）を形成した（図4.7.4）．万一この天然ダムが決壊した場合には，大規模な土石流が発生し，一関市街地まで甚大な被害が生じることが懸念された．また，この地すべりにより国道342号は寸断され，孤立した住民は避難所である本寺小学校へ避難することとなった．

市野々原被災地展望広場では，地すべりに対する対策工事や天然ダムの様子を見学することができる．また，広場には災害発生時の写真や解説が掲載されたパネルが展示してあり，天然ダム形成のメカニズムと復旧工事の内容を学ぶことができる．

4.7.2 調査方法

ここでは平成23年（2011）から平成24年（2012）にかけて実施した一関市災害遺構の実態調査について説明する．本調査は，一関市災害遺構に訪れた人々に見学理由や見学してみての感想を質問し，災害遺構の利用実態や見学者に与える効果などを明らかにすることを目的に実施された．調査方法は災害遺構である祭時被災地展望の丘，祭時大橋見学通路，市野々原被災地展望広場の3地点を訪れた見学

図 4.7.2 探検隊時の見学の様子（筆者撮影，2013年6月10日）

図 4.7.3 旧祭時大橋の先端部で見学する児童（筆者撮影，2013年6月14日）

図 4.7.4 地すべりによって形成された天然ダム（筆者撮影，2012年10月27日）

者に対し，聞き取り形式でのアンケート調査を実施した．アンケートは全3回行い，1回目は平成23年（2011）11月3日（木）：回答者数33人，2回目は平成24年（2012）7月29日（日）：回答者数22人，3回目は平成24年（2012）10月27日（土）：回答者数50人であり，全回答者数は105人であった．

4.7.3 祭時被災地展望の丘の見学状況

展望の丘の見学のきっかけとして「たまたま立ち寄った」という回答が過半数を占めていた．これは，一関市の災害遺構は国道342号線沿いにあり，祭時被災地展望の丘の駐車場が広かったため，立ち寄りやすいことも「たまたま立ち寄った」という回答の多さにつながったのではないかと考えられる．また見学のきっかけとして「人づてに聞いた」という回答も見られたことから，災害遺構の見学者による波及効果も期待できると考えられる．

「祭時被災地展望の丘には何度訪れたか」という質問に対してははじめてという回答が7割でもっとも多い．何度も展望の丘に訪れている人の理由としては，「温泉に来たついでに立ち寄った」という回答が多く見られたことも特徴的である．また，「子供・友人に見せたかったため」という回答もみられた．このことから，災害遺構は災害について継承していく場所，手段としても利用されていることがわかった．

見学通路を見学するきっかけとしては，「新聞・ニュースで知り興味をもった」，「たまたま立ち寄った」の2つの回答がどちらも半々くらいであった．ただ，実際に見学通路を見学したことがある人は，展望の丘と比べると非常に少ない．

4.7.4 災害遺構を見学してどのように感じたか

災害遺構を見学した人々に感想を聞いてみると，「災害の大きさを実感した」，「自然の脅威を感じた」，「衝撃的だった」という声が多く聞かれた．また，災害遺構の見学後の防災意識の変化をみても，見学後に防災意識が高まったと回答する見学者が多いことから，災害遺構は見学者に大きなインパクトを与える存在であることがわかった．また見学者の感想として，「災害遺構を次世代にまで残し保存するべきだ」との声も聞かれた．

一方，それ以外の感想として，「災害遺構の現実が自分の実感とマッチしない」，「災害の凄さはわかったが，まだ他人事のようにしか考えられない」などの声も聞かれた．災害遺構を見学することで，自然災害の恐ろしさを実感することはできるが，それを自分自身の生活と関連付けて考えることが難しい場合もあるようだ．一関市災害遺構の場合，保存されたものが見学者に大きな自然の力を強く印象付けるため，それが自分のリアルな生活の中で起こるかもしれないと考えるのは難しいのだと思われる．

ただ単に「自然の脅威」，「自然のすごさ」を伝えるだけならば今のままでいいかもしれないが，見学者に当事者意識として災害を捉えてもらうことを目的とする場合には，もう少し工夫が求められる．防災にとって災害の怖さや恐ろしさを知ってもらうことは欠かせないことではあるが，本当の防災の目的は「自分の命を守ること」であるため，個人個人の防災に対する当事者意識を高めることが必要である．災害遺構の場合も，見学者の感想を「自然は怖い」というような漠然としたもので終わらせるのではなく，その一歩先の「自分も災害に備えよう」という防災行動にまで発展させることができれば，災害遺構の防災啓発の効果をより高めることになる．その一歩先へ進むためにはどうすればよいかを今後は考えていく必要がある．

なお，「災害遺構を見学し，『誰に』，『何を』，伝えたいと感じたか」という質問に対して，伝えたい対象として「家族・子供たち」と回答した人がもっとも多かった．自分が災害遺構を見学して感じたことを自分の身近にいる大切な人々に伝えたいという意思をもつ人が多いことがわかった．

伝えたい内容を大きく分けてみると，「当時の被災状況について」，「自然災害の恐ろしさについて」，「災害遺構の存在について」，「災害時の備え・防災意識について」，「命の大切さについて」などに分けることができる．

4.7.5 災害遺構見学後の防災意識の変化

第1回目の調査結果は災害遺構全体としての防災意識の変化を対象としていたため，今回は第2回目と第3回目の調査結果を地点ごとにまとめてグラフにした（図4.7.5）．全体的にみても，災害遺構を見学した後では，防災意識が高まったと答える人がほとんどであった．中には「日頃から防災意識あり」

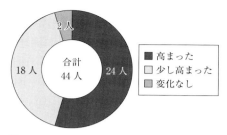

図4.7.5 災害遺構見学後の防災意識の変化（祭時被災地展望の丘）
※第1回結果は除く

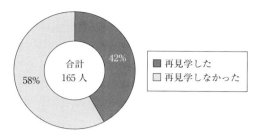

図4.7.6 災害遺構への再見学の有無

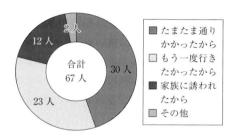

図4.7.7 災害遺構再見学のきっかけ

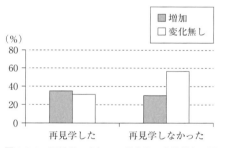

図4.7.8 再見学の有無×4箇月後の自然災害に関する会話量の変化
※会話量減少者は除いてある

と回答した人が1人，また「とくに何も感じず変化なし」と回答した人が1人みられた．

第1回目の結果でも述べたように，設問の仕方が誘導的であったため，本当に防災意識が高まったかどうかは裏付けができていないが，他の設問にあった「実際に見て感じたこと」，「伝えたいこと」の質問項目に対する訪問者の回答を見ると，災害遺構が見学者にもたらす防災意識の啓発効果はあると考えられる．災害遺構の存在は訪問者に何かしらのインパクトを与え得ると考える．

4.7.6 災害遺構が防災教育に果たす意義

以上のアンケート調査からも災害遺構が地域の防災教育に与える影響は大きいと考えられる．そこで平成25年に実施された小学生向けの防災学習会である「磐井川砂防探検隊」を取り上げ，この探検隊に参加した一関市内の小学校6校の児童165人を調査対象とし，災害遺構の児童への防災教育の効果を検討した．

この砂防探検隊は国土交通省岩手河川国道事務所，岩手県，一関市が主体となって実施しているものである（一関市，2012）．砂防探検隊が児童へ及ぼした影響を明らかにするために，児童に対してアンケート調査を実施した．アンケートは計2回実施し，第1回目は探検隊終了約2週間後に，第2回目は探検隊終了約4〜5箇月後に実施した．参加学年はおもに5年生が多かった．

図4.7.6は，探検隊参加後に災害遺構を再見学したかどうかを，参加約4箇月後に聞いた質問である．全体のうちの約4割以上の児童が一関市災害遺構に再び訪れていた．

図4.7.7は，再見学のきっかけを表したものである．一番多かった回答は「たまたま通りかかったから」で，ついで「もう一度行きたかったから」となり，「家族に誘われたから」の順番となった．また，再見学した児童と再見学しなかった児童では，4箇月後の自然災害に関する会話量変化にも差がみられた．

図4.7.8は災害遺構の再見学の有無と探検隊4箇月後の自然災害に関する会話量の変化をクロス集計したものである．これをみると，災害遺構を再見学した児童の方が，自然災害に関する会話量が増えたと回答した児童の割合が多いことがわかる．再見学した児童のうち約50％は会話量が増加していたが，再見学しなかった児童の会話量の増加割合は約34％となった．災害遺構は児童の身近に存在しているため，再見学をする機会が多いと考えられる．災害遺

構を再見学することで，児童の地域災害への関心が維持されやすくなる傾向が伺える．再見学をきっかけに，災害や防災に関する会話量が児童や家庭のなかで増えることを願うものである．

4.7.7 旅行会社への聞き取り調査結果

旅行会社の JTB 東北では，一関市災害遺構をプランに含めた「栗駒新発見の旅 モニターツアー（平成 24 年（2012）3 月 20 日〜21 日）」というものを企画し実施していた．そこで本モニターツアーの概要や実施してみての感想を把握するために，JTB 東北奥州支店へ聞き取り調査を実施した．

調査方法としては平成 24 年（2012）12 月 17 日に電話で聞き取り調査（計 5 問の質問を実施）を実施した．調査結果は以下の通りである．

栗駒山山開きツアーの参加者数は 20 人で，当時の災害についての実態にふれることができたことから，参加者にはたいへん好評であるとのことであった．災害遺構の整備（取組み）についてはどう思うかとの質問には，「祭時大橋の場合は，震災が忘れ去られないためにも日常生活から離れているため残しても良いと思う．ただし，東日本大震災のように被害が大きい場合は，生活が優先されるべきであるから，人の生活圏内に遺構を残すのは避けた方がいいと思う．災害遺構は場合を考慮しながら保存を考えるべきと思う」との回答を得た．

4.7.8 まとめ

一関市災害遺構の利用状況の実態を明らかにし，災害遺構のもつ効果について考察した．遺構の見学者は岩手県や宮城県に居住している人が多く，家族と一緒に遺構を見学する人々が多かった．また遺構を見学した理由として，「たまたま立ち寄った」という回答が非常に多かった．これは，一関市災害遺構が道路沿いに存在していることが理由として考えられる．この「たまたま」というきっかけを大切にしていきたいと考える．遺構をたまたま通りかかった際に，「あの日この地域で災害が起こったのだ」と振り返る機会がもてるということだけでも，災害を風化させないためには，とても貴重なことだといえる．災害遺構の見学をきっかけに家族内の防災に関する会話も増えれば，防災波及効果も期待することができそうである．防災意識の維持には継続性・持続性が大切で，災害遺構がもつ「見学の反復性」は貴重な機会として捉えていく必要があると思われる．

今回の調査対象とした一関市災害遺構は，祭時大橋，祭時大橋見学通路，祭時被災地展望の丘，市野々原被災地展望広場の 4 カ所であったが，各箇所の認知度を調査したところ，祭時大橋の認知度は高かったが，他の 3 箇所の認知度は低い傾向にあった．見学者の中には，「災害遺構の存在がわかりにくい」，「それぞれの場所の位置がわからない」というような意見もいくつか見受けられた．遺構は災害の爪痕を保存したものであるため，派手な PR をする必要はないが，災害遺構が一関市に存在しているということを確実に PR していくことは必要なことだと考えられる．また遺構現場には，当時の災害状況などが書かれた解説パネルがあるが，そのパネルが「専門的すぎてわからない」という意見も見受けられた．見学者に理解を深めてもらうためにも，現場の解説者的存在が今後求められるかもしれない．

災害遺構は，2008 年の岩手・宮城内陸地震による自然の脅威や災害の教訓を次世代に伝えたいという想いで保存されている．その想いを大切に受け止めながら，わたしたちも次世代へ継承していく必要がある．今回の調査の結果，一関市災害遺構は見学者の防災意識を啓発するだけでなく，伝達意識の啓発も促すことがわかった．「伝えたい」という想いが継承されることで，それが災害文化となる（矢守他，2012）．災害文化に求められることとして，①ハードとソフトの両輪があること，②生活の中に埋め込まれていること，③継続性・持続性・反復性があることの以上 3 点をあげている．この 3 点について一関市災害遺構にあてはめて考えてみると，①ハード構造物保存やハード対策が見学できるだけでなく，防災教育教材としてのソフト面での活用ができる，②遺構の見学きっかけに「たまたま立ち寄った」の回答が多かったことから，見学者の生活圏の中に遺構が存在していること，また一関市に住む住民にとっては身近な存在となっている．③遺構は国道沿いに保存されているため見学者も多く，国道を通る者にとっては反復性もあるし，将来的にも遺構は存在することから継続性・持続性の特徴もある．以上のように，一関市災害遺構は災害文化に求められる 3 要素を満たしていた．一関市では災害遺構を中心とした災害文化が形成されつつあるということがわかっ

た．今後も遺構を利用した災害文化が少しずつ大切に形成され，人々の自然に対する想いや次世代に対する想いなどが継承されていくことを願うものである．

[井良沢道也]

参考文献

石川宏之（2010）：防災教育に災害遺構を活かすためのミュージアム活動によるエリアマネジメントに関する研究，洞爺湖周辺地域エコミュージアムを事例として，日本建築学会東北支部研究報告集，計画系（73），195-200．

一関市（2012）：広報いちのせき：I-Style 〜復興への道程『前へ．』，2012年7月号．

国土交通省岩手河川国道事務所（2011）：磐井川流域フィールドミュージアムパンフレット．

矢守克也・諏訪清二・舩木伸江（2012）：夢見る防災教育 57-67，晃洋書房出版．

4.8　災害後の「防災マップ」づくり

4.8.1　8.20広島土砂災害と被災者支援

　平成26年（2014）8月20日未明，広島市安佐南区と安佐北区の一部に豪雨が集中し，死者74人，全壊174棟，半壊・一部損壊329棟，床上浸水1,166棟など大規模な土砂災害が発生した．この大規模土砂災害の発生後，「広島県災害復興支援士業連絡会（以下，士業連絡会と呼ぶ）」が災害支援を決め，活動を開始した．活動はボランティア活動の事務局，運営，管理と被災者の「よろず相談」を行うとともに，災害復興まちづくりの相談にも対応している．これらの活動のうち，広島市安佐南区の八木ヶ丘集会所で災害発生3箇月後に行った「防災対策の勉強会」を皮切りに，梅林学区（緑が丘7，8丁目，八木3，4丁目）の自主防災会連合会からの要請で，住民がつくる「防災マップ」づくりの指導，支援を行った．災害発生1年を迎えるにあたり，住民は大雨の時に避難をどうしたらよいか，また，「自分たちの命は自分たちで守るしかない」と決め，高齢者も多いことから町内会や自治会ごとに避難ルートと避難場所にたどり着くまでの一時退避場所の設定，危険箇所の周知などをマップにまとめ，梅林学区の住民に「防災マップ」6,000枚を配布することとなった．

　この活動は，災害箇所だけでなく，どの地域でも地域防災力を向上させるための有効な方法と考えられることから，参考にしていただけたらと思う次第である．

4.8.2　士業連絡会とは

　士業連絡会は，平成23年（2011）3月の東日本大震災を受け，広島県内の民間の専門家団体がそれぞれの専門分野の知識を集約し，相互に連携して広島県内に避難した被災者への各種相談やカウンセリングなどを実施する目的で平成23年（2011）5月に発足した．参加団体は，広島弁護士会，広島司法書士会，社会福祉士会など士業として活動している14団体（事務局は広島弁護士会）であり，その中に技術士会も加盟している．

　士業連絡会は，新たな災害が発生した場合に即時対応ができるように支援方法を検討中であり，広島土砂災害発生後，広島市災害ボランティア活動連絡調整会議に参加し，ボランティア活動の事務局，運営，管理に対応するとともに，被災者からの直接の「よろず相談」に対応した．

　「よろず相談」では各士業の専門性を活かした支援として，おもに「法律系」，「福祉系」，「技術系」の相談を各士業が集まって一緒に相談に応じるなど総合的な対応で士業間の連携も深まった．技術的な問題や課題の相談については技術士会にも同席を求められ，被災者や被災者グループから直接相談を受ける機会を得るなどはじめての経験も重なり，士業の連携の重要性も認識できた．

4.8.3　八木地区の「防災対策の勉強会」

　広島市安佐南区八木地区は，災害の規模も大きく，多くの町内会からなることもあり，今後の復興対応を考えると，どのように住民がまとまっていくかも課題と考えられていた．安佐南区社会福祉協議会の登録団体「広島土砂災害コミュニティサポート（以下，コミサポと呼ぶ）」は被災者の生活の困りごとや復興の手伝いを中心とした活動を行う団体である．コミサポは，ある町内会の事業説明会について，住民からの「理解できないことが多い」などのいろいろな疑問や意見を整理，集約し，士業連絡会に「防災対策の勉強会」の実施について相談を申し入れた．

　被災住民から出された質問・意見について，項目として整理すると次のとおりである．
①砂防堰堤について
・砂防堰堤の位置，数，強度，構造，安全性
・砂防堰堤の管理（満砂の対応，管理者）
・砂防堰堤の計画地点以外の災害危険性
・砂防堰堤の工事用道路の位置と構造
・強靭ワイヤーネット
②雨水処理・河川改修
・大雨時の雨水処理（道路に水が流れる）
・川幅・流下能力の問題
・水はけ，側溝の処理
・調整池の整備
③警戒・避難
・大雨時の安全な避難方法
・サイレン発信後の避難余裕時間
・公的な避難所が遠い場合の一時避難場所
・高齢者に配慮した一時避難場所

・集会所の構造強化策

　これらの質問や意見について説明，回答するための防災対策の勉強会（平成26年（2014）11月26日，安佐南区八木ヶ丘集会所）は，次のプログラムで行った（図4.8.1）．
①土石流の発生メカニズムについて
・土石流とは
・広島豪雨災害の概要
・地形地質的特徴
②土石流防災対策について
・最近の土石流防災対策事例
③警戒・避難について
・広島市の基準雨量
・ハザードマップの作成事例

　この勉強会の説明後，住民から砂防堰堤などのハード面から，「どのように自分の身を守って行くのか」といったソフト面の対策まで時間いっぱいの質疑が行われた．とくに，豪雨時にどこに避難したらよいか町内会で検討したいという町内会長さんの言葉に，できるだけ協力することとなった．

4.8.4　梅林学区の「防災マップ」づくり

　安佐南区八木地区で実施した防災対策の勉強会を受けて，梅林地区自主防災会連合会は避難するためのハザードマップづくりに取り組むこととなった．梅林学区は，平成26年8月の広島土砂災害で死者65人を出すなど最も被害を受けた地域である．

　梅林地区自主防災会連合会は，被災した各町内会の課題として自主防災体制の強化をあげ，警戒・避難対策や緊急時の連絡体制の確立，とくに地域の防災マップ作成に取り組むことが必要と判断した．

　防災マップの作成の目的は，自分の住む町の災害や危険性を知り，災害発生の可能性があるとき，また災害が発生したときに，どのような行動をとるか，どのような場所へどのようなルートを通って避難すればよいかを事前に地域で考え，防災知識・防災意識を高めていくこととした．また，専門家の指導を受けながら地域住民が主体的に関わることで，緊急時に有効なマップづくりを目指すこととした．期待される効果は次のとおりである．
・町内会の自主防災体制が強化される．
・地域住民が主体的に関わることにより，防災知識・意識が向上する．
・緊急時において，有効に活用することが可能な防災マップが作成される．

　防災マップ作成の準備として，各町内会や渓流の流域を考えて，6つのブロックに分けるとともに，災害としては土砂災害と浸水区域を対象とした．防災マップ作成説明の前に，防災マップ作成の方法について，梅林地区自主防災会の役員に説明し，進め方の確認を行った（図4.8.2）．

　図面（2,500分の1）の準備も白地図，広島県が指定した土砂災害特別警戒区域，広島市が指定している浸水区域，避難施設，一時退避場所，避難経路図および住宅地図の4つを準備することとした．

(1) 第1回梅林学区自主防災対策会議

　平成27年（2015）1月17日に，安佐南区梅林集会所において，第1回梅林学区自主防災会対策会議が開催された．

　自主防災講座のプログラムは次のとおりであり，防災マップ作成の準備が中心となった．
①主催者あいさつ
②講座
・今回の土石流発生のメカニズムについて

図4.8.1　「防災対策の勉強会」の様子

図4.8.2　「防災マップ」作成事前打ち合わせ

・警戒・避難について
③防災マップ作成について
・防災マップの作成要領について
・地域ブロック図の作成
・ブロック別の役割分担
④緊急時の連絡体制について
⑤慰霊碑の建立について
⑥次回の自主防災講座について

①主催者あいさつでは，梅林学区自主防災会連合会長のあいさつとともに，安佐南消防署および技術士会防災委員長から，これまでの経緯や目的などが説明された（図4.8.3）．

②講座では，4.8.3で説明した「防災対策の勉強会」で話した内容について，今回防災マップ作成の区域が梅林学区の範囲に広がったため，改めてもう一度，土石流メカニズムと警戒・避難について説明を行った．

③防災マップ作成では，6つのブロックに分かれて防災マップを作成することから，各ブロックから6人の役員や担当者が参加した．

まず作成要領は次のような内容について説明を行った（図4.8.4）．
・担当区域の確認（本日の作業）
・危険箇所を地図にプロットする
・避難施設，一時避難場所をプロットする
・避難経路をプロットする
・緊急時の連絡先をまとめる
・気象情報の入手先をまとめる

つぎに，6つのブロックの境界を明らかにするために，事前に予想して引いた境界線についてチェック，の修正を行った．各町内会がどこで分かれるのか地図上の作業でもその境界はかなり複雑になっていることが確認された（図4.8.5）．また，市の指定している避難施設および自分たちで決める一時退避場所についての注意点の説明，さらに各ブロック6人の役員および担当者で今後行う役割分担，すなわちブロックの責任者，準備・連絡担当，写真担当，記録・とりまとめ担当などを決めた．

⑥次回の自主防災講座では今後のスケジュールを説明した．第2回は2月15日に行い，その後4月に1回，5月に2回の合計5回の講座を開催し，6月には防災マップを使った避難訓練をする予定とした．

図4.8.3　自主防災対策会議挨拶

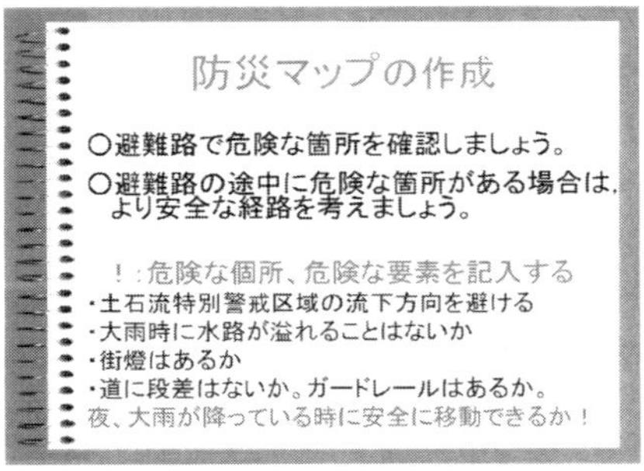

図4.8.4　防災マップ作成説明資料例

図4.8.5　ブロック境界修正作業

(2) 第2回梅林学区自主防災対策会議

平成27年（2015）2月15日には，第2回梅林学区自主防災対策会議が開催され，地域の住民が参加する具体的な防災マップ作成の取組みを行った．まず，会議を始める前に6つのブロックごとに必要な図面，記録用紙，筆記用具，図板などを準備して，それぞれのブロックに専門家を2人以上つけて内容の確認を行った（図4.8.6）．

第2回会議では，住民が中心となって自分たちで歩きながら防災マップを作成することから，再度当日行う作業内容を説明するとともに，作業内容の不

図4.8.6 「防災マップ」作成準備物の確認

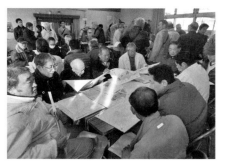

図4.8.7 現地調査前のマップなど確認作業

明な点については質疑を行い，できるだけ再調査をしなくて済むように説明・確認した（図4.8.7）．

その後現地に出かけて，災害の実際の痕跡記録，避難するときの避難ルート，避難するときの危険箇所，自宅に近い一時退避場所の選定などについて現地で確認した（図4.8.8）．

現地調査終了後は，各ブロックで集まって，防災マップづくりの作業を行った．各ブロックで作成した防災マップはブロックごとに説明（図4.8.9）を行い，他のブロックのとの整合性も検討した．その後，各ブロックの成果の確認とブロック間のレベル合わせを行い，防災マップの原案が完成した（図4.8.10）．

作成した防災マップの避難経路は，県が発表した特別警戒区域を避けるとともに，実際に土石流が流出した場所についてもその道路は避けるように計画された．また，ある地区では道路に泥水が流れる現象が見られたところもあり，それも避けるような避難路を確保するなどの工夫が随所に見られた．

避難時の危険箇所については地元でよくわかった道であることから問題ないと考えられるところもあったが，避難する時間が夜の場合や，大雨により側溝の水があふれたり，側溝にフタのない場合なども注意してマップを作成し，さらに道路の脇に段差のあるところも危険箇所として認識してもらうよう指導した．

今回住民自ら考えた一時退避場所については，その後その場所の持ち主に緊急時の使用の了解を得たものをマップに示すようにし，さらに町内会などで協定を結んだ建物については一時退避施設（協定書あり）の表示とし，市が指定している避難施設とは別の表示をして区別した．

図4.8.8 土砂災害の被害痕跡調査

図4.8.9 「防災マップ」調査結果の説明

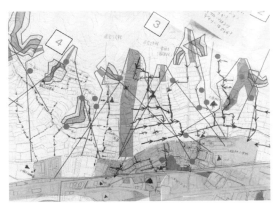

図4.8.10 住民手作りの「防災マップ」例
→避難経路，●危険箇所．

(3) 第3回，4回梅林学区自主防災対策会議

　防災マップはその後，凡例，避難施設，一時退避施設，一時退避場所の一覧表を表示したり，危険箇所にはその内容を書き込んだり，危険箇所の写真も別途図面に掲載するなどの整理，検討を行った．平成27年（2015）4月11日に第3回，5月9日に第4回の梅林学区自主防災検討会議が開催され，完成を目指して最終チェックを行い，その後，対象となる住民に向けて6,000部印刷して配布した．また，広域のマップも作成し，公共施設にも掲示し，周知を図った．完成した防災マップを使った避難訓練を広島市消防局が計画し，平成27年6月7日に実施した．この結果，防災マップに対する住民の疑問や，不安と感じる箇所については今後もより良い防災マップの完成を目指して検討することとなっている．

4.8.5　おわりに

　平成26年（2014）8月20日未明に発生した広島土砂災害後の被災者支援は次のようにまとめられる．
①広島土砂災害では士業連絡会という専門家の集まりが災害支援を行い，ボランティア活動とともに「よろず相談」に対応した．被災した住民との交流から信頼性が高まり，いろいろな立場からの疑問や質問・意見を聞くことができた．被災者から疑問や意見を直接聞く機会ははじめてであり，今後災害が発生した場合の対策についてもある程度想定することができるようになった．
②土砂災害の対応について，被災者からの疑問や意見に回答する形で「防災対策の勉強会」を実施したことから，被災者自らが作る「防災マップ」づくりへとつなげることができた．とくに防災マップの作成は，被災者が自ら避難するルートや危険箇所，大雨時の一時退避場所，一時退避施設，市指定の避難施設などを確認することにより，より早い避難に結び付くとともに災害後の対策についても理解が深まり，地域防災力を高めることができる．
③完成した防災マップは合計6,000部印刷して住民に配布し，6月7日に防災訓練を実施した．この避難訓練を通じて防災マップにも課題が指摘された．
④今回作成した防災マップは短時間の間に作ったこともあり，さらに現地調査や豪雨時を想定した避難訓練などでマップの見直しを行い，より良いマップに改訂していくことが望まれる．
⑤この防災マップづくりは災害後に被災住民が作成したものであるが，このようなマップづくりはどの地域でも作ることが可能であり，防災力の向上にも役立つことから，この活動がほかの地域に広がるとともにこれを参考にしてマップづくりを進めていただくことを期待したい．　　　　　　〔山下祐一〕

4.9 被災後に住民にふりかかる負担と補償

平成2年（1990）雲仙普賢岳災害で1,000万円（総額232億円），平成5年（1993）北海道南西沖地震で1,380万円（総額188億円），阪神・淡路大震災で40万円（総額1,785億円）．これは1世帯あたりの義援金配分額と，義援金の総額である（島本，1998）（宝島社，2005）．このように，一口に災害といっても，その後の生活者にとっては生活再建の道のりには大きな違いがでる．

ここでは，住民の視線から被災後の負担と補償についての考えを述べ，地盤技術者がどのような役割を果たすべきかについて述べる．住民の立場では，制度や権限，分業体制などの細かな話よりも，被災した後で短期的に多少の不便はあってももとの生活に戻れるかどうかが興味の対象のはずである．そして技術者は，それに応える最善の方法を考え，行動すべきである．

住民の立場で生活再建に影響が大きいのは，仕事の継続（収入），住む場所の確保（住宅）であろう．ただし，現代特有の問題としては，文化的生活が進んだために二重ローンなど負の遺産に対する問題が大きな比率を占めるようになってきている．事業者における二重ローン問題もあるが，個人にとっては住宅ローンの残債がその後の生活の大きな足かせとなる．

わが国は，日本国憲法第29条「財産権は，これを侵してはならない」に示されるように私有財産制である．平成7年（1995）阪神・淡路大震災が発生した約2週間後の衆議院予算委員会での政府答弁は，「私有財産制のもとでは，個人の財産を自由かつ排他的に処分し得るかわり，個人の財産は個人の責任のもとに維持することが原則」であり，個人財産に関わる損失補償・個人補償は行われないことが基本となっている．現在も，その立場に変更はない．

4.9.1 法整備の歴史
(1) 国の制度

わが国の災害対策に関する法制度は，自然災害により甚大な被害を受けるたびに作られ，改正されてきた（表4.9.1）．

表4.9.1 おもな災害対策関連の法律

制定年	法律名称	契機となった災害 （改正含む）
昭和22年 (1947)	災害救助法	南海道地震（1946）
昭和36年 (1961)	災害対策基本法	伊勢湾台風（1959）・有珠山噴火（1977）・阪神・淡路大震災（1995）
昭和41年 (1966)	地震保険法	新潟地震（1964）
昭和56年 (1981)	大規模地震対策特別措置法	地震学会で東海地震発生可能性（1976）・阪神・淡路大震災（1995）
平成10年 (1998)	被災者生活再建支援法	阪神・淡路大震災（1995）
平成12年 (2000)	土砂災害防止法	広島豪雨災害（1999）
平成18年 (2006)	宅造法改正 （宅地耐震化）	阪神・淡路大震災（1995）・新潟県中越地震（2004）

被災者生活再建支援法（平成10年（1998））以前の災害対策法制度においては，公共施設の復旧・インフラ整備などの公共事業が中心であり，被災者個人を直接救済する手法はほとんどとられていなかった．

個人への補償に関する議論は，昭和34年（1959）伊勢湾台風被害を契機として審議された災害対策基本法案の際にもされている（八木，2007）．しかし「公平の原則から政府補償は困難」という考え方が大きな壁となっていた．

被災住民への個人補償の声が本格的に上がりはじめたのは，平成3年（1991）の長崎県雲仙普賢岳災害時に，災害対策基本法に基づいて人家密集地に警戒区域を設定し，長期にわたり罰則をもってその立ち入りを禁止したときからである（福崎，2005）．そのときの政府見解は，自力救済・自助努力・自力復興などの「自己責任論」あるいは「私的財産の形成に資する公費の支出はできない」という行政法理により，個人補償は理論的にも政治的にも不可能であることを宣言して終わった．

再び個人補償への議論が起きたのは，平成7年（1995）阪神・淡路大震災であった．さまざまな議論の末，被災者生活再建支援法が平成10年（1998）に制定された．その当時は「個人補償ではなく，社会保障的な考え方により生活再建を支援するための見舞金である」と答弁されていた．このようにして，

公的に個人に現金が支給されるという道が開けた．

支援法の施行後，平成16年（2004）の改正時には居住安定支援制度が創設され，住宅が全壊した被災者が再建または新築する場合，住宅が大規模半壊した被災者が補修する場合，これらの被災者が賃貸住宅に居住する場合を対象として，最大200万円の支援金を給付することとされた．この改正によって，支援金が家屋建築に利用できるようになった（平成19年（2007）改正で最大300万円となった）．

(2) 自治体（都道府県）の制度

支援法とは別に，自治体が独自に支援措置を実施する例もあった（八木，2007）．平成12年（2000）鳥取県西部地震において鳥取県は，住宅被害を受けた被災者に対して，住宅の建設には300万円，住宅や石垣・擁壁の補修には150万円を補助することを決定した．平成15年（2003）宮城県北部地震では宮城県が，住宅建設には100万円，補修には50万円の補助を行うことを決定した．

その目的について，当時の鳥取県の片山善博知事は「滅失財産の補填ではなく，地域を守るための住宅再建の後押し」と述べている．個人住宅再建には，地域にとっての公共性がある，との考えである．

一方で，宮城県においては，被災後のアンケートで肯定的な意見ばかりではなく，「支援金支給は家を再建できる金持ちのための制度だ（住宅再建のめどがたたない被災者）」，「持家の損害を回復するのは不公平だ（賃貸住宅入居の被災者）」などの意見もあった．もつ者ともたざる者の間の不公平感は，同じ災害の同じ地域でも起きる．

4.9.2 被災後の住民の負担

(1) 持ち家層と賃貸層の逆転

島本（1998）によれば，平成7年（1995）阪神・淡路大震災後に，震災前に持ち家だった人たちが賃貸住まいになり，賃貸住まいだった人たちが持ち家になる「逆転」が起きたとのことである．

被災後，低金利の被災者向けローンが行われた．このローンは震災の時に住んでいた家が借家でも持家でも同じように利用できた．「ローン付き持家を失った人たちに比べると，震災の時借家住まいだった人たちは身軽だった．（中略）被災者向けローンをまず使うことができたのは，それまで借家に住んでいた人たちで，そのころ持家を失った人の多くは残ったローンの重圧にまだ茫然自失していた．ポジとネガを裏返すような反転は，ここでも起き始めていたのである．」

(2) 生活再建困難者となりやすい年齢層

高坂（2005）は，震災による「被害」は，単に地震による直接的な被害だけでなく，その後の生活再建ができたかどうかという点に着目して分析を行っている．そして，資産ダメージ率を定義し，資産ダメージ率＝1を災害が起こって住宅再建をした場合に手持ち資産が「すっからかん」になる状態とした．1を超える場合には負債が手持ちを上回り，生活再建困難に陥る．0〜1の時には残存資産が存在することから生活再建は可能である．総資産および資産ダメージ率は以下のように定義されている．

総資産＝不動産資産評価額＋金融資産−住宅ローン
資産ダメージ率＝災害後予想される負債額／災害後資産総額

分析の結果，総資産が5,000万円を超える人でダメージ率が1を超える人は少なく，一方で，5,000万円以下だと15.5％の人がダメージ率1を超えていたことが報告されている（図4.9.1）．

そして高坂（2005）は，この結果から以下の3つの命題を得て「総資産5,000万円の壁」という言葉で表現している．

命題1　総資産が5,000万円以上あれば資産ダメージ率が1を上回るリスクは小さい．

命題2　資産ダメージ率は40歳代で，持ち家のある世帯の間で高くなる．

命題3　持ち家なしの世帯は，住宅ローンも少ないために身軽で資産ダメージ率も低い．

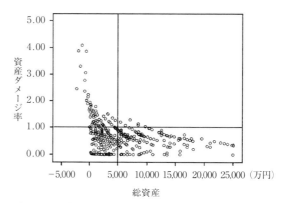

図4.9.1　資産ダメージ率と総資産の散布図（高坂，2005）

簡単に考えれば，平成7年当時の分譲住宅購入価格（4,611万円とされる）以上の資産をもっている人は生活再建困難には陥らなかった，ということである．

40歳代で生活再建困難に陥ると，子どもの教育機会の減少が発生し，それが結果として貧困の連鎖（負のスパイラル）を生むといわれている．

(3) 二重ローン発生理由

日本の住宅ローンは，リコースローンである（リコースは遡及するという意味）．これは不動産担保融資で，担保物件を売却しても債権額に満たない場合，担保物件以外からも返済義務が生じる，遡及権を持つローンのことである．すなわち災害で担保設定されている物件を放棄しても帳消しにはならない．このため，新たに家を建て，あるいは購入してローンを組めば，前のローンの残債と二重になる．このため二重ローンと呼ばれる．

二重ローンは，マイナスからのスタートとなるため，生活再建困難に陥りやすい．支払い能力を超えるローンから逃れるためには，自己破産という法的手段があるが，その場合連帯保証人に残債の支払い義務が移るため，保証人との人間関係の崩壊が起きるので容易なことではない．

一方，ノンリコースローンと呼ばれる方式は，融資に伴う求償権の範囲を物的担保に限定するため担保物件以外は遡及されないローンで，担保を放棄すれば帳消しになる．そのため，二重ローンにはならず，ゼロからの再出発になるのだ．その際のリスクは，融資する金融機関が負担することになるので，当然金利は通常よりも高い．

4.9.3 住民が潜在的にもつリスク

リスクの定義は曖昧で難しい．ここでは，逆に戸建住宅所有者にとって「リスクがない状態」とはどういうことなのかを考える．

自然現象には，水害，地震，噴火，津波などその場所の再来頻度が低くても，いずれ必ず起きるものがある．その際，家屋や擁壁，地盤が何らかの原因で破壊されたとき，多少の不便はあっても，それが無償で元通りの形と機能に戻るということが「リスクがない状態」と定義する．

もっとも基本的なリスク回避は保険である．逆説的に言えば，農地などが公金で復旧されるのに対して，住宅再建への公金投入が難しかったのは，住宅には私有財産制を前提とした保険制度があったからでもある．住宅の火災・水害などはこれで守られる．

一方，地震・噴火・津波に関しては地震保険で補償されるが，地震保険は，被災者の生活の安定を目的としており，火災保険の30〜50％を限度として保険金額が定められている．このため，失われた住宅の再建ができるほどの補償はない．

(1) 宅地立地条件に関係する被災リスク

平成18年（2006）に改正された宅地造成等規制法では，平成7年（1995）阪神・淡路大震災や平成16年（2004）新潟県中越地震により発生した造成地盛土の滑動崩落現象を「予防」するための宅地耐震化推進事業が創設された．現在それが適用されたのは，平成19年（2007）新潟県中越沖地震での特例的事後対策，および平成23年（2011）東日本大震災での造成宅地滑動崩落緊急対策事業など，「事後の特例措置」のみである．

本来，滑動崩落対策事業は事前対策であり，かつ盛土地に住む住民を守る趣旨でもない．民-民の紛争は民法717条に基づく損害賠償請求で解決するべきだが，広い盛土地の場合には誰に責任があるのか特定できない．このため，「被害者」となる盛土下流側住民を行政の援助で事前に守るというのが趣旨である．すなわち，リスクのある盛土地に住む住民は潜在的な「加害者」という位置付けなのである．

平成23年（2011）東日本大震災での千葉県浦安市の液状化被害では，多くの宅地が深刻な被害を受けた．しかし，地盤の液状化に対応した法制度はなく，基本的に所有者がすべての損害を負担せざるを得ない事態となった．液状化が法制度となりにくいのは，液状化とは地盤の上下変動がおもで，滑動崩落対策の主旨でいうならば，土地所有者は「被害者」であると同時に「加害者」でもある．ここには，守るべき「被害者」がいないのだ．

豪雨による土砂災害では，急斜面の近隣にあればがけ崩れが，沢の出口近くにあれば土石流が，また地すべり地が斜面上方にあれば地すべりの危険性がある．平成12年（2000）に制定された土砂災害防止法により，土砂災害警戒区域（イエローゾーン），特別警戒区域（レッドゾーン）として危険性を住民に開示する仕組みができた．これによって，自分の家の立地条件が危険なのか危険でないのかを知るこ

(2) 被災可能性による資産価値低下リスク

被災した地域，被災可能性の高い地域では，地価などの資産価値が低下するリスクがある．実際，東日本大震災で非常に多くの液状化被害を出した地域や造成地盛土で地すべり被害を発生した地域では，不動産評価のあり方が変わってくるものと考えられている．

本間（2011）は，日本では不動産の要素として建物空間と地表面を対象としていたとし，サービスする側（不動産業者）に土壌・地質・地下水・化学的組成などを学ぶ機会はなく，ましてや火山・地震などといった地球科学の自然現象を学ぶ機会はまったくなかった．しかし，欧米諸国では当該物件の周辺の自然環境を範囲として，土地については地中の深いところまで見ること，あるいは専門家がその範囲の物性状態などを調査して売買当事者に報告することが一般的だと述べている．

内藤（2011）は，造成宅地が被災した場合，その後の土地価格がどうなったかを調べている．

新潟県中越地震で被害が大きかった長岡市の高町団地や乙吉町（鶴ヶ丘団地）では地震後の地価下落率が半年間で 8.0～10.3% と大きく，被害が小さかった鉢伏町団地（3.5% 下落）と比べるとその差は歴然としている．

新潟県中越沖地震では，被害の大きかった柏崎市の山本団地，橋場団地，松波団地では半年間で 4.0～5.0% 下落し，被害が小さかった緑町の 2.0% と比べて大きな違いが出ている．

その中でも被災した個別の箇所では，土地の取引がほとんど行われなくなるため，どの程度の下落率か不明である．

事前評価による下落の場合もある．土砂災害防止法による土砂災害特別警戒区域（レッドゾーン）は，宅地建物取引における重要事項説明義務があり，家屋の建築に対して建築物の構造を土砂災害防止・軽減可能なようにする必要が生じる．公には特別警戒区域に指定されても地価は下落しないとされているが，不動産鑑定の視点では，法への対応のための建築費増額や，心理的減価などがあるとされ，20% 以上の減価率となると試算されている例がある．

平成 26 年（2014）8 月に広島市で発生した土砂災害では，警戒区域の公表が遅れるという問題があったが，これは地価の下落を嫌がる住民の合意を得られないことがその原因の 1 つだといわれている．この災害を受けて，同年 11 月には，基礎調査の公表を都道府県に義務付ける改正土砂災害防止法が成立し，平成 27 年（2015）1 月施行された．

(3) 専門家の無知・無作為によるリスク

法律による規制は，大災害後の「新発見」により改正される．規制基準は，研究者，技術者，行政などの「専門家」がつくるわけであるから，戸建住宅所有者にとってみれば，（事前に指摘していなかったという意味において）災害によるリスクとは，「専門家の無知・無作為によるリスク」ということになる．被災前の法令・規制を遵守していたとしても，被害は所有者が負担することになる．なぜ，そういう理不尽がまかり通るのだろうか？

それは，建築基準法などの法令は，最低限遵守しなければならないことが書かれているにすぎない．安全を担保していないにもかかわらず，コスト最重視の建築ビジネスにおいては，これらの基準はクリアさえすればよいものと認識されているためである．

残念ながら「想定外」は，経済活動をする側にとっては，積極的に知らなかったことにしたい動機がある．想定外に対応しなければならないのは，現状では専門知識のない一般市民の側なのだ．

4.9.4 戸建住宅所有者のリスク回避方法と地盤技術者の役割

現時点では，戸建住宅所有者がリスク回避するためには「自衛」が最善の方法である．戸建住宅所有者は，不測の事態が発生した場合でも，最小限の経済的負担で生活再建できるという明確な目標をもつ必要がある．

その 1 つの解決方法は，中立的第三者の専門家によるセカンドオピニオンの活用である．現時点で最も実現しやすく，効果が高いのがこの方法である．

地盤技術者も，個人のリスク回避のためのマーケット拡大を視野に入れ，積極的にアウトリーチに努め，個人からの相談を受ける体制をつくるべきである．

［太田英将］

参考文献
太田英将（2011）：戸建住宅における地盤のリスク，地質と調査，11（3），34-37．

高坂健次（2005）：進む階層化社会の中で「被害の階層性」は克服できるか―総資産5000万円の壁をどう考えるか―，世界12月号，岩波書店，190-198．

島本慈子（1998）：倒壊―大震災で住宅ローンはどうなったか―，ちくま文庫，310p．

宝島社（2005）：義援金の分配をめぐるトラブル―分配方法には法律が無い―，巨大地震の後に襲ってきたこと！，119-126．

宝島社（2005）：国や自治体はどこまで補償してくれるか？―「災害救助法」と「被災者生活再建支援法」の限界―，巨大地震の後に襲ってきたこと！，110-118．

内藤武美（2011）：造成宅地の被災と土地価格との関連，Evaluation, 42, 34-52．

福崎博孝（2005）：自然災害の被災者救済と我が国の法制度〜被災者生活再建支援法の成り立ちを中心として〜，予防時報220, 58-63．

宮﨑補償鑑定：土砂災害防止法と固定資産税評価，http://www.miyazaki-kantei.co.jp/commentary/evaluation.html．

本間勝（2011）：東日本大震災における液状化被害と不動産取引における地圏域情報の必要性，Evaluation, 42, 26-33．

八木寿明（2007）：被災者の生活再建支援をめぐる論議と立法の経緯，レファレンス平成19年11月号，31-48．

コラム：歴史資料を防災教育に活かす

　私たち日本人は，古くから土砂災害による被害をくり返し受けてきた．そして，それらの災害記録は古文書や絵図として全国各地に残されている．先人の残した貴重な記録を，科学的な調査に基づいて分析し，今後の防災に活かしていくことは研究者の使命であり，被災者への弔いでもある．

　ここでは，そのような歴史災害の一事例として「宝暦高田地震」による土砂災害を紹介したい．

　宝暦高田地震は，宝暦元年四月二十六日（新暦の 1751 年 5 月 21 日）深夜，現在の新潟県上越市付近を震源として発生した．土砂災害による被害が大きかったことが特徴である．

　「名立崩れ」と聞けば，土砂災害の専門家なら知らない人はいないであろう．名立小泊村（上越市名立区）で発生した大規模崩壊は，幅 850 m，高さ 150 m に及び，当時の戸数 91 のうち 81 戸が埋没し，住民 525 人のうち 428 人（約 80％）が死亡するという一村壊滅に近い大惨事であった．そのほかにも各地で山崩れが発生し，上越地方の死者の約半数は土砂災害によるものであった．

　この災害に関する古文書や伝承は多く存在し，その中でも「越後国頸城郡高田領往還破損所絵図」（約 30 cm×450 cm，上越市公文書センター所蔵）には，山崩れの状況や被害数が詳細に描かれている．この絵図は，海に舟を浮かべて描いたものと考えられる．筆者も当時の絵師が見た風景を舟上から確認するとともに，地形図・空中写真を使って崩壊地判読を行った．

　このような調査で最も重要なことは，古文書の解読，地形判読，現地調査などの一連の調査をできるだけ同一の研究者が行うことである．これらの一連の調査を通して，当時の被災者あるいは災害調査者の心情に少しでも近づくことができ，防災講演などにおいても一般参加者から，より多くの共感を得ることができる．

［今村隆正］

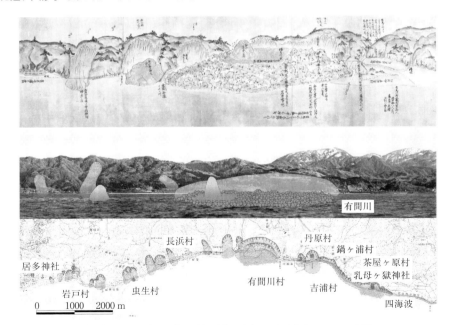

「越後国頸城郡高田領往還破損所絵図」（上越市公文書センター所蔵）
絵図と同地点を撮影した写真（筆者撮影，口絵参照）
地形図，旧版地形図，空中写真による崩壊地の判読図（25,000 分の 1 地形図「高田西部」，「名立大町」）

第5章　教材の開発と活用，コミュニケーション

　第5章では，土砂災害防災教育をより効果的なものとするためのツールとして，教材，体験学習やイベントの方法に焦点をあて，これまでに開発され，様々な教育現場などで実施された事例を紹介する．

　土砂災害をもたらす降雨の測り方，模型実験装置を用いた土石流，地すべり，火山泥流，火砕流といった様々な土砂移動現象の見せ方やその特徴についての説明や理解のためのポイント，さらには，土砂の移動理論に基づく高精度な数値計算手法とその防災教育への活用，土砂災害やその対策について，行政と地域住民，その他の関係者における相互コミュニィケーション手法などについて，具体的な事例と方法を示しながらわかりやすく解説する．

5.1 身近な材料を使った災害現象の実験

　土砂災害による被害を減らすためには，土砂災害に関する知識の習得が欠かせない．近年は，監視カメラの増加や画像のインターネット配信などによって，土石流や表層崩壊などの動画を目にすることが多くなってきたが，それでも土砂災害に関するリテラシーの向上に直接結び付いてはいない．

　地球科学の分野では平成12年（2000）ごろより，身近な材料を用いた地学現象のアナログシミュレーション実験が盛んとなり，平成13年（2001）からは日本地球惑星科学連合のセッションで，「キッチン地球科学」のセッションが立ち上がり，さまざまな地学現象がアナログ実験によって再現されている．

　キッチン地球科学で取り扱われるアナログ実験は，視覚的にわかりやすいうえに，複雑な実験器具を必要としないことから，簡便かつ効果的なアウトリーチの手法として認識されつつある．

　林（2006）は，チョコレートやコーラ，アイスクリームなどの身近な食材を用いて，火山現象をアナログ実験で再現する「キッチン火山学」を確立し，火山教育におけるアナログ実験の有効性を示した．

　土砂災害の分野においては，ココアパウダーとスポンジケーキを用いた降灰環境下における土石流アナログ実験（伊藤・林，2006）や，簡易砂防計画実験セット（伊藤他，2007）などが存在する．

　ここでは，土砂災害を対象とした代表的なアナログ実験を紹介する．

5.1.1 ココアパウダーとスポンジケーキを用いた降灰後の土石流再現実験

　伊藤・林（2006）は，噴火中〜噴火後の降雨によって発生する土石流の発生メカニズムを視覚的に表現するため，降灰をココアパウダーで，斜面をスポンジケーキで表現して，土石流発生メカニズムの説明を試みた．

　一般的に，火山斜面を形成する火山噴出物には空隙が多く，通常雨水はそれらの空隙を伝わって浸透していく．それらをスポンジケーキで表現し，ココアパウダーの火山灰を茶こしを使ってスポンジケーキ表面に均等に堆積させる．降雨は霧吹きでミルクを噴霧することで表現する．

図5.1.1 ココアパウダーとスポンジケーキ土石流実験の様子
この時はスポンジケーキの代わりに食パンを用いた．

　実験の最初は，火山灰に見立てたココアパウダーを滞積させない環境で，ミルクの雨を発生させる．この環境下では，ミルクはスポンジケーキ地表面よりすみやかに浸透し，土石流は発生しない．

　次に新しいスポンジケーキにココアパウダーを数mm程度堆積させ，その上から同様にミルクを降らせると，ココアパウダーによりミルクの浸透が阻害され，著しく浸透能が低い環境が形成される．ミルクによる降雨を続けると，ココアパウダー上にミルクの表面流が形成され，流下を開始する（図5.1.1）．

5.1.2 アクリル流路とBB弾を用いた土石流再現実験

　国内の砂防資料館などの展示施設で公開されている土石流模型実験装置の多くは，斜面模型上に置いた小石を水圧によって押し流し土石流を表現している．これらの土石流模型実験装置は重量もあり，さらに水を使うことから，使用場所も制限され簡単に学校教育の場へ持ち運べないという問題点があった．

　伊藤他（2007）は，持ち運び可能でかつ従来の土

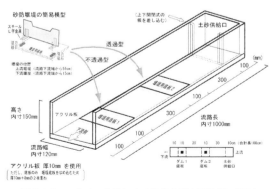

図5.1.2 アクリル流路による砂防施設実験装置の概要

石流模型実験装置と同様の再現力をもつアクリル製の流路を作成し，さまざまな粒径のビーズ，BB弾，キャンディなどを土砂に見立て流下させる実験を考案した．

5.1.3 砂防計画作成キット

伊藤他（2007）は，砂防施設の配置を実験者自らが考え，その効果を学べる簡易教材も開発した．

A3版の厚紙に扇状地を模した背景図をプリントアウトし，下流域にはレゴブロックなどで保全対象を配置する．

土石流の材料としては，BB弾のほか，お菓子の材料であるアザラン，金平糖や球形のチョコレートなどが適している．

砂防施設にはプラスチック板で作った不透過型砂防堰堤や園芸用のネットで作った透過型堰堤を準備し，河床内の任意の箇所に砂防堰堤を設置する．砂防堰堤の設置が適切であれば保全対象までの間に，BB弾やお菓子の土石流が捕捉される．

［伊藤英之］

参考文献

伊藤英之・清水武志・松下智祥・小山内信智・鴨志田毅（2008）：土砂災害に関する理解促進を目的とした普及・啓発ツールの開発とその効果，平成20年度社団法人砂防学会研究発表会概要集，522-523．

伊藤英之・林信太郎（2006）：ココアパウダーとスポンジケーキによる噴火後の土石流再現実験，日本地球惑星科学連合大会予稿集，J242-P005，CD-ROM．

林信太郎（2006）：世界一おいしい火山の本，小峰書店，127p．

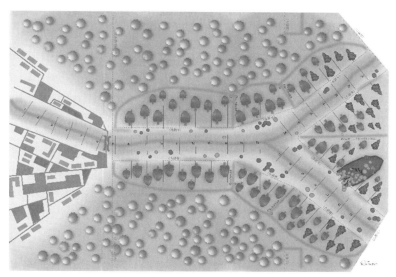

図5.1.3 砂防計画作成キットの背景図の例

図5.1.4 実験の様子

図5.1.5 BB弾土石流流下の様子

5.2 火山泥流・火砕流の模型教材の開発

5.2.1 模型教材の意義

　土砂災害の防災教育を実施するうえで，土砂移動現象の理解，行政機関による土砂災害対策事業の内容，ハード対策の効果と限界，ソフト対策の役割，住民が自ら行うべきことを正しく理解させることが重要である．このことができてはじめて，住民が自分でもやらなければならないという意識が高揚し，防災教育を効果的に進めるための基本条件が形成されると思われる．土砂移動現象やハード対策の効果と限界を教育する場合，平時の「静的な現場」の見学といったメニューのみで教育することは限界がある．現場見学に組み合わせて，映像資料やCGなどで「土砂の動的な流れ」を見せて説明する手法はそれなりに役立つと思われるが，例えば，泥流はどのように発生・流下・氾濫・堆積するのか？　砂防施設があるとそれらのプロセスにどのような変化があるのか？　などを理解させるには，難しい場合もある．そのような理解を効果的に促進できるツールの1つとして，土砂移動現象を動的に再現できる模型教材が有効であると考える．

　火山地域での防災教育支援推進のための基盤構築を目的とした文部科学省防災教育支援事業研究プロジェクト（サテライトを活用した火山防災教育ネットワークの構築（研究代表者：丸谷知己））では，まずはじめに，火山地域で土砂災害をもたらす危険の高い現象である火砕流や火山泥流などの科学的理解のための模型教材を製作した．そして，それを活用したモデル授業・実習，研修プログラムの開発，モデル校での実施による教育効果評価，実践的な防災教育プログラムの開発などを行い，火山防災教育ネットワークを構築することを目的とした．以下に，このプロジェクトで製作した火山泥流と火砕流の模型教材について紹介する．

5.2.2 模型教材を用いてなにを教育すべきか

　模型教材の製作にあたり，まずはじめに，模型を用いて現象の素過程を再現させ，何を教育すべきかを検討した．教育対象は，大学院生，小・中学校の教職員，住民である．

　火山泥流については，以下の6点を教育目標に設定した．

①積雪期の噴火により発生が懸念される融雪型火山泥流をイメージできるようにする．
②噴火に伴う融雪によって，短時間に泥流が発生する場合があることを認識させる．
③発生した泥流は，急勾配の谷を流下し，谷出口から下流の，比較的勾配が緩くなり地形的に広がったところで氾濫・堆積することを認識させる．
④泥流の氾濫・堆積する場に家屋や道路などがあると，土砂による甚大な災害を受けることを認識させる．
⑤砂防施設（堰堤，遊砂地など）を建設した場合は，泥流の到達時間が遅くなり，泥流の氾濫・堆積範囲が縮小するなどの効果があることを理解させる．
⑥砂防施設の規模が泥流の規模に対して十分でない場合，砂防施設が土砂を捕捉した後に，さらに火山泥流が流れてくる状況では砂防施設から土砂があふれてしまうなど，施設の効果には「限界」があることを認識させる．

　火砕流については，以下の4点を教育目標とした．
①火砕流は，単なる熱い「雲」ではないことを理解させる．
②雲仙普賢岳で発生したような小規模の火砕流は，重力に支配されて地形沿いに流下する本体部と，その上部の乱流状態を呈する熱風部からなることを理解させる．
③小規模の火砕流の本体部は勾配が緩くなると堆積するが，熱風部は本体部の停止後，あるいは流路の屈曲部などで本体部から分離し，単独である程度の距離は流下し，大きな災害をもたらしてきたことを理解させる（プレー火山（1902年），雲仙普賢岳（1991年），マヨン火山（1993年），メラピ火山（1994年）など）
④本体部は基本的には谷地形に支配され谷の中を流れるが，熱風部は谷の外側まで流れることがあり，危険が広域に及びうることを理解させる．

5.2.3 過去の模型教材の特徴

　模型教材の要件としては，現象を科学的に再現できるという前提条件をふまえたうえで，ビジュアル性，面白さ（ここでは，現象の変化を見ることができる，さまざまな条件でできる，手で触れることと定義する），臨場感（災害を仮想できる），簡便性

表5.2.1 既往の模型教材（火山泥流，火砕流）の特徴

模型教材のタイプ		事例	科学性以外の要件						その他の問題点
			ビジュアル性	面白さ	簡便性	臨場感	搬送性	ローコスト	
火山泥流	①土砂，水を実際に流すタイプ	・岩手山火山防災情報センター	○	○	○	○			・豪雨によって発生する土石流のようなイメージである． ・融雪による火山泥流は対象としていない．
	②土砂，水を実際に流すタイプ	・北海道大学農学部流域砂防学研究室	○	○	○	○	○		・地形をイメージしにくい． ・豪雨によって発生する土石流のようなイメージである． ・融雪による火山泥流は対象としていない．
	③鉄球で土砂の動きを代用させるタイプ	・十勝岳火山砂防情報センター ・雲仙岳災害記念館 ・その他	△	○					・ゲーム感覚のデメリット． ・土砂の流れを理解させにくい．
	③鉄球で土砂の動きを代用させるタイプ（簡易タイプ）	・国土技術政策総合研究所	△	△	○		○	○	
	④身近な食材を使ったタイプ	・林，伊藤	○	○	○		○	○	・災害の「怖さ」を伝えにくい
火砕流	⑤水槽内で密度流（ミルクや岩石研磨剤混濁液を使用）を発生させるタイプ（火砕流）	・日本大学文理学部 ・岐阜県立各務原高校など	○	○			○	○	・火砕流本体部，熱風部の運動特性の違いを理解させにくい

※ 評価は厳密なものではなく，筆者らの印象などに基づいた定性的なものである

（繰り返し何回もできる），搬送性（どこにでも移動させて実演できる），ローコスト（教育現場へ普及させやすい）であることが求められると考える．そのような観点からこれまで全国の砂防関係機関が製作したり，関係資料館などに設置された模型教材（火山泥流，火砕流）の特徴を整理した（表5.2.1）．土砂，水を流すタイプの模型は，豪雨によって発生する土石流を想定しており，融雪による火山泥流を対象としたものではない．また，水理模型実験流路を模した教材は，山地地形をイメージしにくいなどの問題がある．鉄球で土砂の流れを表現する模型は，ゲーム感覚が強くなること，身近な食材を用いた模型では，災害の恐ろしさを伝えることが難しいことなどが指摘できる．また，火砕流の模擬実験として，水槽内で密度流を発生させる方法では，本体部と熱風部の運動特性の違いを理解させることが困難であるといえる．

5.2.4 製作した模型教材の概要

前述の火山泥流，火砕流についての教育目標と過去の教材の特徴などをふまえて製作した模型教材を示す（図5.2.1，図5.2.2）．これらは，モデル校として小・中学校での実験をもとに教育効果の評価を参考にしてさらに改良したものである．

①火山泥流模型教材
・スケール：（幅1 m，長さ2.9 m（発生・流下部：1.5 m，氾濫・堆積部：1.4 m），高さ：1.3 m）
・流下部の勾配：20°，氾濫・堆積部の勾配：3°
・部材の特徴：山腹や河道，氾濫・堆積部は，ガラス繊維強化プラスチック（FRT）を用いて耐熱仕様とした．
・火山泥流の発生のさせ方（5.2.3および図5.2.5参照）：最上部の回転ローラーから熱砂を，発生部（鉄製の箱）に入れたクラッシャーアイスに供給す

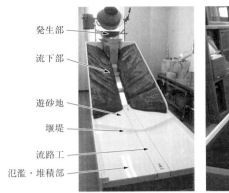
図 5.2.1 火山泥流模型教材

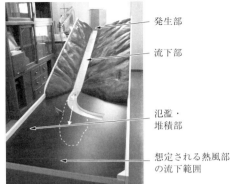
図 5.2.2 火砕流模型教材

ることにより融解させ，ゲートを一気に引き上げて火山泥流を発生させる．
・砂防施設：流下部⇒堰堤（透過型，不透過型）氾濫・堆積部⇒遊砂地，導流堤，堰堤，流路工など

②火砕流模型教材
・スケール：(幅1m，長さ2.9m（発生・流下部：1.5m，氾濫・堆積部：1.4m），高さ：1.3m)
・流下部の勾配：20°，氾濫・堆積部の勾配：3°
・部材の特徴：山腹や河道，氾濫・堆積部は，ガラス繊維強化プラスティック（FRT）を用いて耐熱仕様とした．
・火砕流の発生のさせ方：発生部（鉄製の箱）に入れたフライアッシュと砂の混合材料（絶乾状態）を，ゲートを一気に引き上げることにより流下部に供給する．流下部・氾濫・堆積部（河道のみ）は，ステンメッシュで製作したエアスライダー構造となっており，コンプレッサーからの鉛直上向きの圧縮空気が供給され，揚圧力が作用する．

これら2つの製作費用（模型教材の材料費・制作費・緒経費の計）は，外部の製作専門業者に委託した結果，約150万円，また，製作日数は約3箇月（2009年1月〜3月末）であった．

5.2.5 模型教材を用いた演習
①火山泥流模型教材
図5.2.3に，火山泥流の発生方法の手順について，具体例を示す．市販のポータブルガスコンロで約400℃に熱した砂2,500 cm^3（ガスボンベが高熱になるので取り扱いは注意が必要である）に約100℃の熱水2,000 cm^{3}を一気に加えると，大量の水蒸気を伴った高温の砂と水の混合物がゲート内で発生する．その直後に，ゲートを一気に引き上げると，その混合物が崩壊土砂のように一気に流下区間に供給される．流下区間には，あらかじめ，砂2,000 cm^3（飽和度約20％）を数cmの厚さで敷き，その上に，製氷店で購入した砕氷6,000 cm^{3}を敷きつめてある．混合物は，流下区間に敷きつめた砕氷を一気に融解し，その下位の土砂を侵食しながら流下することによって泥流へと発達，谷の出口から氾濫し，堆積する．

本教材を用いた演習事例としては，例えば以下のようなメニューが効果的と考えられる．
ケース1：無施設の場合の火山泥流の発生・流下（固定床の場合）・氾濫・堆積プロセス．
ケース2：無施設の場合の火山泥流の発生・流下（移動床の場合）・氾濫・堆積プロセス．
ケース3：流下区間に不透過型砂防堰堤が2基設置されており，それらの容量の合計が火山泥流の土砂量よりもかなり小さく，泥流があふれてしまう場合（流下部は固定床．また，このケースでは，流下部の砂防堰堤だけでは，その貯砂容量を上回る規模の火山泥流を捕捉できないことを示す）
ケース4：ケース3の砂防施設に加え，氾濫・堆積区間に流路工が施工されており，堰堤を乗り越えた火山泥流は，勾配変化点に相当する谷の出口（流路工最上流部）付近で流路工を閉塞させ，堤内地にあふれ，氾濫・堆積する場合（流下部は固定床．ここでは，流路工断面が閉塞し泥流があふれ被害をもたらした事例を再現する．すなわち，谷出口に遊砂空間がなければ，流路工が閉塞して土砂があふれる危

5.2 火山泥流・火砕流の模型教材の開発

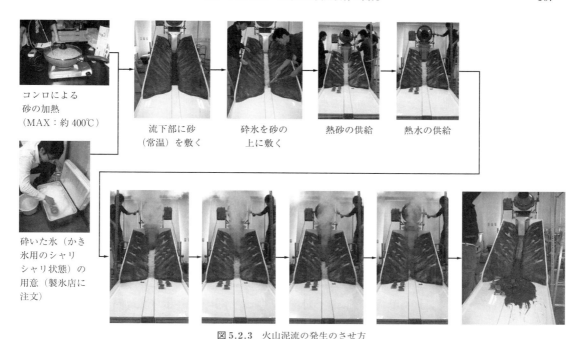

図5.2.3 火山泥流の発生のさせ方

険があることを示す)

ケース5：ケース4の砂防施設に加え、遊砂地（小）が施工されたが、遊砂地の容量が少ないために、火山泥流があふれてしまう場合（流下部は固定床）.

ケース6：ケース4の砂防施設に加え、遊砂地（大）が施工され、火山泥流を完全に捕捉できる場合（流下部は固定床．図5.2.4）．

ケース7：ケース6の状態（遊砂地に土砂がたまった状態）で、再度、同じ規模の火山泥流を発生させ、遊砂地から土砂があふれてしまう場合（流下部は固定床．これによって、ケース6は非常に効果的であるが、次の火山泥流制御のためには、除石をしなければその効果を十分発揮させることができないことを示す)

② 火砕流模型教材

図5.2.5に、発生した火砕流の谷内での流下状況と流路屈曲部での熱風部の本体部からの分離による単独流下の状況を示す．

本教材を用いた演習事例としては、例えば以下のようなメニューが効果的と考えられる．

ケース1：流下部から空気を供給しない場合（流下部底面からの上向きガスの揚圧力を与えない場合）の乾燥灰（フライアッシュなど）の流下・堆積状況（河道内に安息角で堆積する．この例により、火砕流

図5.2.4 遊砂地による火山泥流の捕捉

(本体) の流動には、ガスの揚圧力が大きな支配要因の1つであることを示す).

ケース2：流下部から空気を供給した場合の乾燥灰の流下・氾濫・堆積状況、とくに河道屈曲部からの熱風部の分離と単独流下．これを用いて、火砕流本体は、地形勾配に支配されるが、熱風部は、河道内では本体部よりも標高が高い区域まで影響すること、熱風部は河道屈曲部で本体から分離し、その慣性である程度直進して被害をもたらす危険が高いこと（プレー火山（1902年）、雲仙普賢岳（1991年）、マ

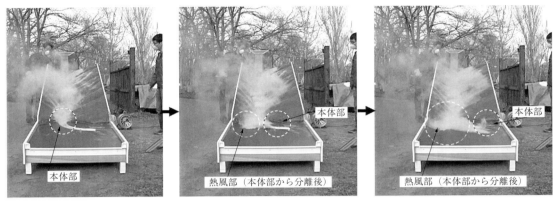

図 5.2.5 火砕流の谷内での流下状況と流路屈曲部での熱風部の本体部からの分離による単独流下の状況

ヨン火山（1993年），メラピ火山（1994年）などを示す）

今回，開発した模型教材により，融雪型火山泥流，メラピ型火砕流の教育すべき事項を説明できる．火山泥流の発生，流下（発達），氾濫・堆積プロセス，短時間での発生，泥流規模の増大，砂防施設の効果と限界，火砕流本体部と熱風部の運動の違い，熱風部の本体部からの分離とその後の直進などを見せることができるのが大きな特徴である．「科学性」，「ビジュアル性」，「臨場感」，「簡便な方法」，「どこででもできる」の面では相応の評価が得られるが，「ローコスト」の面では，教育現場への普及を考慮した検討が必要となる．また，融雪型火山泥流については，初期条件（土砂の量，温度，熱水の量，流下区間の土砂量，砕氷量）によって発生する現象が異なるので，説明目的に応じたこれらの適切な諸量を検討する必要がある．

[丸谷知己，山田　孝]

参考文献

丸谷知己，山田　孝，木村正信，眞板秀二，Vern Manville, Graham Leonard, Noel Rustrum (2007)：ニュージーランド北島ルアペフ火山の火口湖決壊によって発生したラハール，砂防学会誌，60 (1) 59-65.

山田　孝 (2007)：火砕流本体部から分離した熱風部のその後の運動・堆積特性，砂防学会誌，60 (1)，29-36.

山田　孝，丸谷知己 (2009)：科学的な土砂害減災教育ツールとしての模型教材の制作，平成21年度砂防学会研究発表会概要集，456-457.

5.3 地すべり水理模型教材の開発

5.3.1 地すべり水理模型教材開発の背景

住民が地すべり災害に対して的確な対応をとることができるようになるためには，地すべり災害の実態とそのメカニズム，地すべり災害への対策方法などを科学的に理解し，実践的な警戒避難技術を習得することが必要である．とくに，少子高齢化社会時代においては，災害弱者となる「高齢層」と「次世代層」が，将来の土砂災害回避のために，行政や地域との連携のもと科学的知識に基づいて自分の判断で，的確な警戒・避難活動を行えるようにすることが今後の防災教育における大きな課題である．

このような背景のもと，日本地すべり学会北海道支部および北海道地すべり学会では，平成17年(2005年)に，学校における防災教育の実践や地域住民を対象とした防災講習会を行うことを目的に，「企画委員会」を設立した．企画委員会では地域住民や将来の地域文化を担う子供たちに対して，上記の目的だけではなく，地域の自然環境に興味をもってもらうためには，どのような教材や言語を使用し，どのような教育メニューを組み立てるかといった方法を検討している．

ここでは，企画委員会が，地すべり災害について科学的に理解してもらうため，地すべり現象をビジュアル的に示し，地すべり対策工の効果やその限界も示すことができる「地すべり水理模型教材」の開発に取り組んだ事例（日本地すべり学会北海道支部企画委員会，2009）を紹介する．また，この模型教材を使用して，高校の専門課程の授業として「山地防災教室」を行った事例（納谷他，2009），一般市民を対象とした「ジオ・フェスティバル in Sapporo 2014」に参加した事例についても紹介する．

5.3.2 地すべり水理模型教材の開発
(1) 既存の地すべり・砂防資料館の視察

企画委員会では，地すべり水理模型教材の開発にあたり，既存の地すべり・砂防資料館や地すべりを説明している施設などを視察し，改善点などを検討した．具体的には，2007年に，長野県地附山地すべり，茶臼山地すべり，中条地すべり，信州新町地すべり，新潟県猿供養寺地すべり，山形県黒淵地すべり，豊牧地すべりの各資料館の展示模型を視察し，以下の点を参考とした．

①大きな据え置き型のため，持ち運び不可能で特別な設備が必要な模型が多い→乗用車で持ち運び可能なサイズで，特別な設備が不要な模型が必要．

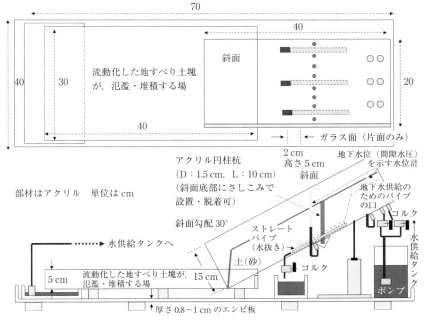

図 5.3.1 地すべり水理模型の設計図

②地すべりの地下断面を見せる模型が多いが,動きがないため,地すべり活動のメカニズムや対策工の効果が理解しにくい→実際の地すべり活動のメカニズムを再現し,対策工の効果がわかる模型が必要.
③地すべり斜面を砂で再現し,振動で崩落する工夫をした模型はあるが,地下水の上昇と地すべり発生の関係が理解しづらい→地下水の上昇と地すべりの発生の関係,地すべり移動体の流動化,対策工の働きをビジュアルに見せることのできる模型が必要.
④内容が高度すぎるために,一般の人には理解が難しく,興味をもたれづらい→直感的に理解できる模型が必要.
⑤くり返しの操作に時間がかかるものや特別な操作が必要なものは扱いにくい→単純な機構で,くり返し操作が簡単にできる模型が必要.

既存の施設を視察した結果,間隙水圧の増加により地すべりが発生する機構や,地すべり移動体の流動化,対策工のはたらきなどをビジュアル的に見せる模型などがなかったことから,それらを実現できる模型教材が有効と考えた.さらに,地すべり災害について科学的な理解を深める手法として,地すべりの発生を擬似的に体験でき,現象を直感的に理解できるように,本物の土(砂)と水を使用するのがよいと判断した.また,資料館に来てもらうのではなく,こちらから地域の集会場や学校などに出向く可能性も考慮し,乗用車で持ち運びが可能な模型とすることも念頭においた.

(2) 開発のポイントと工夫点

上記の点をふまえ,「地すべり水理模型教材」の設計・製作において以下の工夫を行った.
①崩壊プロセスの仕組み
　ポンプで本物の水を土中内に送り,間隙水圧の増加により土(砂)の崩壊(円弧すべり)を再現できるようにした.
②土砂の材質
　土砂の吸水性が大きいと,地下水が排出される以

水,土砂をセットする前の教材

地すべり発生前

地すべり発生後:抑え杭のないところで崩れる

抑止杭

押え盛土工

地すべり発生前

地すべり発生直後
(水供給停止後)

滑動による土塊のせん断状況
(乳白色の砂層の変形)

図5.3.2　地すべり水理模型の機能

おもなデモの内容:(ⅰ)間隙水圧の増加による地すべりの発生,流動,氾濫・堆積プロセス,(ⅱ)せん断面,(ⅲ)地すべり土塊の氾濫・堆積による土砂災害,(ⅳ)杭工(抑え杭)の効果,(ⅴ)地下水排除工の効果(検討中),(ⅵ)押さ盛土工の効果.

前に斜面が飽和状態に達してしまい崩壊することから，吸水性を小さくするため粗めの粒径の土（砂）を用いた．
③地下水の排除
　模型では本物の水を使用し，ストレーナ加工をしたパイプを使って地下水を排出できるようにした．
④杭工による抑止
　模型ではアクリル製の円柱杭を設置することにより，地すべり抑止杭の効果を再現した．
⑤押え盛土による抑制
　模型では菱形の断面のアクリルに土砂を詰めたものを地すべりの末端部におき，押え盛土工の効果を再現した．
⑥持ち運びとくり返しの容易な作業
　模型は乗用車などで持ち運びできる大きさ（幅40 cm，長さ70 cm）と重さ（約10 kg）とし，特殊な技能や機器を必要とせず，作業がくり返し行える機構とした．

　制作した地すべり水理模型教材は，ポンプにより模型内の土（砂）底面から水を送ると，土（砂）内の水位が徐々に上昇し，ある水位に達すると土（砂）の崩壊（円弧すべり）が発生する．土（砂）の崩壊は一気に発生するのではなく，最初に表面に亀裂が入り，つぎにゆっくりと土（砂）が円弧すべり状に崩壊する様子が確認できる．水位の上昇の様子は，側部ガラス面に取り付けたチューブホース内の水面で確認できる．また，ガラス面沿いの土（砂）に色の異なる砂を柱状に埋めると，崩壊発生後にすべり面のせん断状況も確認できる．

5.3.3　水理模型を使った地すべり防災教育実践例

(1) 山地防災教室の例

　北海道岩見沢農業高等学校森林科学科では，森林科学，森林経営，測量，森林資源活用などの専門教育を実施している．
　企画委員会では，専門教育の1つである森林科学の授業テーマとなっている「山地の保全，治山」の授業として，森林科学科の3年生40人を対象に「山地防災教室」を平成20年（2008年）11月14日に約120分間実施した．授業内容は，前半をスライドとビデオ映像を利用した説明，後半を地すべり水理模型教材を利用した実習とした（図5.3.3）．な

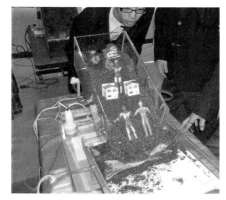

図5.3.3　地すべり防災授業の様子

お，山地防災教室の実施にあたり，森林科学科の教諭，職員に協力をしてもらった．
　山地防災教室のおもな内容は以下に示すとおりである．
①建設業の役割
　公共事業や建設業，建設コンサルタント業が社会的に果たしている役割を説明し，今だけでなく，未来に役立つ社会基盤を整備していること，それにより，市民の安全の確保，生活の利便性向上，地域へ与える経済効果などのさまざまな機能を担っていることを理解する．
②土砂災害とは
　実際に地すべりが発生している様子のビデオ映像を見ながら，土砂災害の種類と特徴，現象，被害の内容について基本事項を理解する．
③地すべりとは
　北海道岩見沢農業高等学校の演習林のある空知地方樺戸山地の地形，地質や気象条件を説明し，それらが地すべり発生のメカニズムに密接に関わっていること，地すべりの現象，調査手法，地すべり対策工の種類と目的，日ごろの備えについて理解する．また，地すべりは人々の生活の場の近くで発生していることを理解する．
④地すべり模型演習
　地すべり水理模型教材について実演を行った後，班ごとに実際に模型の操作をし，地すべり発生のメカニズムや地すべり変動による亀裂の発生や土砂の流出などについて理解する．
　授業後，学習効果や山地防災教室の内容を評価するために，生徒全員を対象にアンケート調査を実施した．質問数は12問で，回答は「たいへんよくわ

かった」「わかるようになった」「なんとなくわかった」「ぜんぜんわからなかった」の4択とした．また山地防災教室の感想については，自由記入とした．有効回答数は36である．

以下に，おもな結果について述べる（図5.3.4）．

質問「土砂災害の種類についての理解度」については，89％とほとんどの生徒がたいへんよくわかった，わかるようになったと回答した．これは，実際の土砂災害が発生している様子をビデオ映像で説明したことが理解度向上に効果があったと判断される．

質問「地すべりの発生メカニズムについての理解度」については，86％の生徒がたいへんよくわかった，わかるようになったと回答した．とくに，たいへんよくわかった生徒が64％と高い理解度であった．これは，発生メカニズムを地すべり水理模型教材を使用して説明し，かつ実習したことにより，より実感できたことによるものと判断される．

質問「地すべり模型教材の実習内容についての理解度」については，82％の生徒がたいへんよくわかった，わかるようになったと回答した．とくに，たいへんよくわかった生徒が92％と高い理解度であった．これも地すべり水理模型教材を生徒が実際に操作をする実習をしたことにより，地すべり発生のメカニズムが科学的に理解できたものと判断され，地すべり水理模型を使った授業が有効な手法であると考えられる．

質問「地すべり防災授業で印象に残ったこと」を自由記入してもらい，その内容を分類した結果，地すべり水理模型教材についての感想が37％ともっとも高い割合となった．このことは，上記各質問の理解度の高さに結びついているものであり，土砂災害についての興味や関心を高めることに効果があったと判断される．

高校生は，これまで地すべりという名前は聞いたことがあるものの，それがどこでどのようにして発生するのか，防止するためにどのような対策を行っているのかほとんど知らなかったと考えられる．それが今回の山地防災教室において，地すべり水理模型教材を使用した実習や実際に地すべりが発生している様子のビデオ映像を見たことにより，科学的な知識を習得し，理解が深まったものと思われる．

質問　土砂災害の種類について理解できましたか

質問　地すべりの発生メカニズムについて理解できましたか

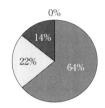

質問　地すべり模型教材の実習内容について理解できましたか

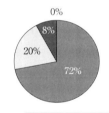

■ a：大変よくわかった
□ b：わかるようになった
■ c：なんとなくわかった
■ d：ぜんぜんわからなかった

図5.3.4　アンケート集計結果

(2) ジオ・フェスティバル in Sapporo 2014 出展の例

「ジオ・フェスティバル in Sapporo 2014」は，北海道の将来を担う子供たちを対象に，地球科学に関連した実験や展示を通じて，自然の不思議やメカニズムを学ぶとともに，環境問題や自然災害にも目を向け，地球科学に興味や関心をもってもらうことをねらいとして，平成26年（2014年）10月4日に札幌市青少年科学館において行われたものである（ジオ・フェスティバル in Sapporo 2014 実行委員会，2014）．

企画委員会では，この「ジオ・フェスティバル in Sapporo 2014」において「地すべりって聞いたことがありますか？」というブースを出展し，地すべり

図 5.3.5 ジオ・フェスティバル in Sapporo 2014 の様子

水理模型教材の展示実演を行った．実施日が土曜日ということもあり，展示ブースには多くの親子連れが訪れ，展示時間内は地すべり水理模型教材の実演を休みなくくり返し行う状況であった．

この展示実演の結果をみると，「子供に対する普及効果」という観点からは，地すべり水理模型教材は，土（砂）内部の水位が上昇したあと実際に土（砂）が崩壊する様子に興味をもつ子供達の姿が途切れることなく見られた．このことから，地すべり水理模型教材の実演は，子供たちの土砂災害についての興味，関心を高めることに効果があったと考えられる．

つづいて，「大人に対する普及効果」という点では，「ジオ・フェスティバル」のおもな対象は子供たちであるものの，その引率で来場した両親，祖父母世代も地すべり水理模型教材に興味を示し，土砂災害について熱心に質問をする場面が多く見られた．また，普段自然災害に関する科学的知識を知る機会が少ないことを反映しているのか，「はじめて知った」「たいへん勉強になった」という声が多数聞かれた．

5.3.4 まとめ

日本地すべり学会北海道支部および北海道地すべり学会企画委員会では，地すべり災害について科学的に理解してもらうため，地すべり水理模型教材の開発を行った．また，この地すべり水理模型教材を使用して，高校の専門課程の授業として山地防災教室を行ったほか，一般市民を対象としたジオ・フェスティバル in Sapporo 2014 に参加した．

「百聞は一見にしかず」のとおり，文章や写真を使った説明よりも，実物を見ることが地すべり現象の理解に対して有効である．しかし，活動中の地すべり地には行くことができないため，地すべり災害の発生機構や対策工の機能を再現した地すべり水理模型教材の実演は，地すべり災害についての科学的理解を深めることに有効な手法であると評価される．

また，今回開発した地すべり水理模型教材のように，持ち運び可能・操作が簡単・くり返し実演可能・特別な設備が不要な模型は，来てもらうのではなく，こちらから出向いて展示実演ができるため，適時適所において地すべり災害の理解を広めることに有効なツールである．

地すべり水理模型教材を使用した防災教室や展示実演の評価をもとに，内容の改善を行い，継続して実施していくことが重要である．また，土砂災害に対する防災教育の取組みについては体系立てて整理されていないことから，今後の課題として，関係者間での実践事例を共有，蓄積し，改善を検討する場を多く設けることが必要である．

［納谷　宏，山田　孝］

参考文献

ジオ・フェスティバル in Sapporo 2014 実行委員会（2014）：ジオフェスティバル in Sapporo 2014 実施報告書（非公表），6p.

納谷　宏，溝上雅宏（2009）：地すべり防災授業の実践例．平成 21 年度日本地すべり学会北海道支部研究発表会予稿集，14-17.

日本地すべり学会北海道支部企画委員会（2009）：地すべり模型教材の開発．北海道の地すべり研究 30 年，日本地すべり学会北海道支部，139-144.

5.4 多様な流砂現象を説明する実験教材の開発

5.4.1 実験教材開発の背景

国土交通省や都道府県・市町村などの砂防部局においては，砂防事業の効果を説明するために，出前講座などにより土石流現象や砂防堰堤の効果を説明する機会が増えている．その際，一般的には，縦横高さいずれも数 m 程度の大きさの渓流の模型（以下，大型模型水路と呼ぶ）を2個作製し，一方は砂防堰堤がなく，もう一方は砂防堰堤がある状態とする．これを用いて，砂防堰堤によって下流域の氾濫被害がどの程度軽減されるかを説明している．一方，大型模型水路による説明だけでは不十分であることも指摘されている．例えば，土砂移動現象が土石流だけでなく土砂流や掃流砂などの土石流と異なる形態が存在することや流木災害の発生形態が説明できない．また，砂防堰堤も従来主流であった不透過型堰堤に加えて透過型堰堤が増えてきており，これらの堰堤の違い・役割を説明できないこともあげられる．

これまで，水山他（1992）によって砂防流砂実験水路（以下，小型模型水路と呼ぶ）が開発されている．特徴として多様な土砂移動現象や砂防堰堤の効果が説明できること，小型であり机の上に置けて持ち運びが容易であることがあげられる．木下他（2012）は水山他（1992）の小型模型水路を改良するとともに説明内容を体系化している．本節では木下他（2012）の作成した水路および実験内容を紹介する．

5.4.2 小型模型水路の概要および改良

これまでの水山他（1992）による模型水路は，学生や技術者を対象とした実習の教材として製作されたもので，土砂移動形態や砂防施設の効果を示すことができる．長さ 100 cm，幅 7 cm，深さ 16 cm のアクリル樹脂製で，下流に設置した容量 30 ℓ のステンレス製の貯水槽から，水をポンプ（最大毎分 38 ℓ）で水路上流端に供給し，循環させる構造となっている．実験流量は流量計により設定・確認することができ，水路勾配は 0° から 30° まで 5° 刻みに変化させることができる．流量や水理勾配などの実験条件を任意に設定することができるため，種々の土砂移動形態や施設効果を，的確な条件で実験することが可能となる．出前講座や授業では時間や場所に制約があるため，持ち運びやすく，かつ素早く実験を行うことができる，という条件が重要となる．そこで，水山他（1992）による模型に対して，以下の点を改良した（図 5.4.1 参照）．

①ポンプなどの固定による安定

アルミ枠でポンプと流量計（毎分 30 ℓ まで計測可能）を一体化させることにより，持ち運びやすく，かつ設置性が向上した．

②軽量化

配水用ホース（口径 20 A）の接続部を金属製から合成樹脂製とすることにより，軽量化を図った．

③土砂セット用じょうごの作製

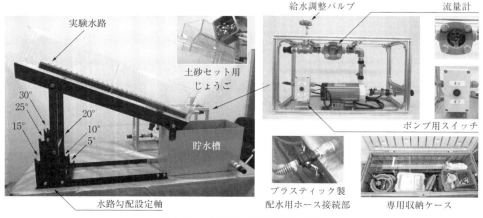

図 5.4.1　小型模型水路の外観と名称

幅7 cm の水路に，河床材料となる土砂を素早くセットするための専用のじょうごを作製した．

④専用収納ケースの作製

模型水路や実験に使用する機材などをまとめて収納できるケースを作製した．収納ケースにまとめて機材を保管することで，忘れ物，機材の紛失・破損防止が期待される．台車に載せて簡単に運搬できる利点もある．

5.4.3 小型模型水路の概要および改良

小型模型水路の特性を生かした実験のメニューとして，以下のものを考え，その実験条件を予備実験で決定した（図5.4.2～5，および表5.4.1参照）．

①土砂移動形態（土石流・土砂流・掃流）の違い

粒径3 mm の一様砂礫を水路床全面に均等に敷きならし，水路上流端から一定流量の水を連続的に供給する．水路勾配や流量の実験条件を変えることによって，土石流・土砂流・掃流といった異なる形態で土砂を移動させ，その違いを観察する．

②石礫型土石流の特徴（先端部への巨礫の集中）

粒径3 mm と10 mm の混合砂礫を水路床全面に敷きならし，上流端から一定流量の水を供給することで，土石流を発生させる．10 mm 粒径の礫が土石流の先端部に集中することを観察し，先端に巨礫が集中するという，いわゆる石礫型土石流の特徴を説明する．

図 5.4.2 土砂移動形態の違い
上から順に土石流（25°，毎分15ℓ），土砂流（10°，毎分22ℓ），掃流（5°，毎分10ℓ）．

表 5.4.1 小型水路模型を用いた実験メニュー例

実験メニュー	実験内容 実験目的	水路勾配 (°)	流量 (ℓ/分)	土砂 粒径 (mm)	量 (ℓ)	(%)	流木	砂防堰堤
土砂移動形態	集合運搬（土石流）の様子を観察する	25	15	3	1.5	100	無	無
	掃流状集合運搬（土砂流）の様子を観察する	10	22	3	1.5	100	無	無
	各個運搬（掃流）の様子を観察する	5	10	3	1.5	100	無	無
流木の流下状況	流木の流下状況を観察する．	20	15	3	1.5	100	有	無
砂防施設の効果①	スリット型（効果無し）	20	15	3	1.5	100	無	スリット型
	格子型（効果無し）	20	15	3	1.5	100	無	格子型
土石流の特徴	混合粒径の場合の土石流の挙動を観察する．	25	15	3	1.2	75	無	無
				10	0.4	25		
砂防施設の効果②	不透過型堰堤	20	15	3	1.2	75	無	不透過型
				10	0.4	25		
	スリット型（砂のみ）	20	15	3	1.2	75	無	スリット型
				10	0.4	25		
	スリット型（砂＋流木）	20	15	3	1.2	75	有	スリット型
				10	0.4	25		
	格子型（砂のみ）	20	15	3	1.2	75	無	格子型
				10	0.4	25		
	格子型（砂＋流木）	20	15	3	1.2	75	有	格子型
				10	0.4	25		

図5.4.3 大きい礫の土石流先端部への集中（上）と不透過型堰堤の施設効果（下）

図5.4.4 流木の流下状況

図5.4.5 格子型堰堤の施設効果

③流木の流下状況（流木の土石流先端への移動）

粒径3mmの一様砂礫，または3mmと10mmの混合砂礫を水路床全面に敷きならし，流木模型（幅4mm×厚み4mm×長さ40mmの角材）を水路上流端から約10cm下流の砂礫水路床上にほぼ垂直に立てる．所定の流量を水路上流端から通水すると，流木模型が表面を流れて土石流先端部に移動する．流木の流下状況を観察し，流木が災害の一因となることを説明する．

④砂防施設の効果（格子型砂防堰堤の効果）

格子間隔14mmの格子型砂防堰堤模型を水路下流端に設置し，粒径3mmの一様砂礫を敷いて，所定流量を通水すると，土砂は格子型堰堤の格子の隙間をすべて通過してしまう．それに対し，粒径3mmと10mmの混合砂礫を水路床全面に敷き，所定流量

図5.4.6 天然ダムの侵食についての実験
越流による天然ダム天端からの侵食破壊

を通水すると，10mmの礫で格子が閉塞し，施設が効果を発揮する．最大粒径の1.5倍程度の格子間隔であれば閉塞し，土砂捕捉効果が発揮されることを説明する．このほか，不透過型砂防堰堤やスリット型砂防堰堤模型を用いた実験も実施できる．

5.4.4 シナリオおよび実験条件

出前講座等では時間に制約があるうえ，待ち時間が少なくなるように工夫する必要がある．そのためには，あらかじめ説明すべき内容を明確にし，それらを効率よく説明するためのシナリオを作成しておくことが望ましい．ここでは実験内容の一例を表5.4.1に示す．ポイントとしては，
・一様粒径をはじめに実施して，混合粒径に移行する．
・流量や勾配を変更する実験は最初の方で実施し，途中からは流量・勾配を一定で実験を実施する．

5.4.5 今後の小型模型水路の活用方法について

土砂移動形態や砂防施設の効果についての実験方法について示したが，今後は図5.4.6のような天然ダムの侵食や砂防施設による対策の効果などさまざまな土砂災害の影響および対策を小型模型水路で説明することが望まれる．さらなる開発に期待したい．

［木下篤彦］

参考文献

木下篤彦・岡本　敦・中島達也・岡野和行・吉安征香・水山高久（2012）：小型模型水路を用いた砂防事業効果の説明．砂防学会誌，65（2），28-31．

水山高久・Untung Budi Santosa・福原隆一（1992）：砂防流砂実験水路による流砂形態と砂防ダムの機能に関する実習．砂防学会誌，45（4），30-32．

5.5 土石流模型実験装置・防災教育副教材の製作

本節では，NPO法人土砂災害防止広報センター（旧砂防広報センター）がおもに取り組んできた土砂災害防止教育の副教材として現在も使用，継続されているものの一部を紹介する．具体的には，前節までの模型装置開発などの先駆けとなった土砂災害防止教育用の模型・実験装置・体験装置，さらにいろいろなニーズに合わせて作成された全国的な副読本やアニメ，そして3Dシアターシステム開発，また学校教育の場に合わせた身近な地域副教材の製作や出前授業支援，さらにはイベントなどにおける防災学習発表会と現地体験学習としてのフィールドミュージアムなどである．

5.5.1 模型・実験装置・体験装置

模型を使った実験やシミュレーション装置による疑似体験は，砂防施設が土砂災害を防ぐ仕組みを理解したり，大雨や土石流の恐ろしさをイメージするのに，大きな効果を発揮する．このため，オリジナルの防災教育，啓発広報ツールとして，これらの実験装置や体験装置の開発を長年にわたって実施してきた．

また，「知識を身に付けてもらうための第一歩は，興味を持ってもらうこと」との考えから，子供たちがゲーム感覚で楽しみながら防災についての知識を身に付けることができる「遊具」の開発なども進めてきた．

(1) 降雨体験装置

土砂災害発生の引き金となる降雨を体験する装置で，時間雨量10mmから180mm（昭和57年(1982)の長崎での豪雨災害で記録した日本最大値相当規模）まで雨の強さを調節することができる．平成2年(1990)に大阪府吹田市で開催された国際花と緑の博覧会の「さぼうランド」のアトラクションとして「雨たいけん室」を製作・出展し，好評を博した．

その後，雨の強さによって車のフロントガラスの視界がどのように変化するかを体験できるワイパー式体験装置，トラックに載せて運ぶことができる小型の体験装置などの開発も行われた（図5.5.1）．こ

図5.5.1　降雨体験装置と内部の体験の様子

れらの降雨体験装置は砂防事務所主催の防災学習会や地域イベントだけでなく，小学校の体験型防災教育としてニーズが高まっている．

(2) 土石流模型実験装置

水と小石を用いて，砂防堰堤のない渓流とある渓流で土石流を発生させ，砂防堰堤の効果を確かめる装置である．あらかじめ装置の上部に水をポンプアップさせておき，それを一気に放出し，上流に堆積させた小石が一挙に下流へ流され，模擬的に土石流状態となって流れる．砂防堰堤のない状態では，下流に配置した模型の家屋や橋に石がつまったりして被害を与える様子を再現できる装置となっている（図5.5.2，図5.5.3）．

一方，砂防堰堤を配置した装置では，砂防堰堤で土砂を捕捉，コントロールし，一部の土砂や後続流は下流へ流下するが，橋で石が貯まることなく下流へ被害を与えないような仕組みとして全体のシステ

図5.5.2　土石流模型実験装置

図5.5.3　土石流模型実験装置と下流被害状況

ムが設計されている．なお1台でこの両者を再現する実験装置もあるが，施設なしと施設ありの装置の切り替えに時間が必要で，実演時間が長くなってしまう難点がある．

第1号は，平成7年（1995）に製作された．土石流模型実験装置はその後も改良が重ねられ，砂防資料館の展示や，砂防事務所などの公開講座などで用いられている．

(3) 土砂災害対策ミニ模型

土砂災害対策ミニ模型は，土石流・がけ崩れ・地すべりによって生じる3種の土砂災害について，土砂移動のメカニズムや災害の様子，対策工の基本的仕組みが理解できるように工夫した模型で，その大きさは，横幅30cm，奥行き80cm，高さ45cm程度である．3種とも「小型で持ち運びやすい」をコンセプトとして製作された．砂防事務所のホールや資料館，小・中学校への出前授業などで使用されており，今後は小・中学校の理科室での常設利用なども期待できる．

土石流対策模型は，上流ポケットに蓄積された不安定な土石が一挙に下流へ流下し，道路や橋，家屋などに被害を与える．上流に透過型，あるいは下流に不透過型の砂防堰堤を設置すれば，このような被害を防止できる構造となっていることが確認できる（図5.5.4）．

急傾斜地崩壊対策模型は，左右で対策前と対策後の状況を表現しており，対策前の斜面には崩壊しそうなクラックと，その下には家屋や自動車などを配置している．模型背面のピンが作動することにより，がけ崩れが発生して被害を与える仕組みで，崩壊と被害の関係や対策施設の機能を説明できる模型となっている（図5.5.5）．

地すべり対策模型は，地すべり土塊部分が左右そ

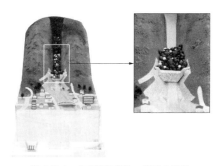

図5.5.4 土石流対策ミニ模型の様子

図5.5.5 急傾斜地崩壊対策ミニ模型の様子

図5.5.6 地すべり対策ミニ模型の様子

図5.5.7 ドセキリュウ対えんてい君

れぞれ固定式と可動式となっており，配置した対策工は可動式となっている．模型の可動式部分で，杭工などの対策工を引き抜くことで地すべり土塊がすべり出す仕組みであり，断面で地層やアンカー工などの地すべり対策の仕組みがわかる構造となっている（図5.5.6）．

(4) ドセキリュウ対えんてい君

子供たちがゲーム感覚で楽しみながら防災についての興味をもち，知識を身に付けることができる遊具装置である（図5.5.7）．

2つの圧力ポンプを使い，一方が「土石流」をプッシュアップして発生させ，もう一方が同様に「砂防堰堤」を立ち上げてこれを防ぐゲーム装置である．展示施設などでは人気があり，ゲームの前後に，土石流や対策施設の役割を知ることで，集客ツールとしてだけではなく啓発ツールとしても有益である．

(5) その他簡易雨量計など

土砂災害に関する防災教育を進めていくうえで欠かせないのが豪雨などの雨量や雨の強さへの認識である．これら雨の量や雨量強度のmmという単位を

図 5.5.8 開発され販売されている簡易雨量計

含め，児童が体感して学べるような簡易雨量計のキットも開発，製作され，安価で販売されている（図5.5.8）．天気の変化などの気象の学習だけでなく，自ら雨を測り，知るという学習にも適している．

5.5.2 砂防副読本

おもに小学校高学年以上を読者対象と想定した「砂防副読本」は，時代の要請に応じて改訂や新企画による製作が行われてきた（図 5.5.9）．

初期（昭和 60 年（1985）ころ）の副読本は，土砂災害や砂防について，その言葉や概念を認知してもらうことをおもな目的として編集されている．現在，豪雨のたびに「土砂災害に注意してください」という注意がマスメディアから流れているが，副読本作成の当初の頃は「土砂災害」や「土石流」という用語でさえも聞きなれておらず，周知啓発していく必要性があった．この観点からは，これら副読本の果たした役割は大きいものがあるといえる．以下では副読本の一部を紹介する．

学校教育に「総合的な学習の時間」が導入されると，授業での利用を想定して，教育関係者と協働で，書き込み型の「ふるさと安全たんけんたい」という冊子の製作が行われた．この冊子は，子供たちが自分の住む町を歩きながら身の回りの土砂災害が起きやすい場所を調べ歩くという設定であるが，これは有珠山や雲仙普賢岳の噴火災害を経て，ハザードマップの有効性が認識され，さらに防災マップの作成・公表が国をあげて進められることとなった動きを反映したものでもあった．

東日本大震災の経験をふまえた「土砂災害から身をまもる」では，「砂防ガイド」や「「さぼう」ってなあに」に比べ，避難の仕方や災害情報の入手に関する記述を増やしており，「自らの命は自ら守る」の姿勢を共助とともに強調している．また，近年問題となっている大規模な深層崩壊や河道閉塞の現象なども新たに加えて「知らせる努力」を含め啓発を強化している．

さらに，最新版（平成 26 年（2014）改訂版）では，スマートフォンなどの端末から動画の視聴が可能な機能を付加し，現象や災害をわかりやすく学べる工夫を行っている．今後も適宜，更新される予定である．

5.5.3 映像関連の開発・制作

(1) 3D 映像の制作・シアターの開発

平成 9 年（1997）7 月，鹿児島県出水市針原地区で住民 21 人が犠牲となる土石流災害が発生した．当時，同地区では自主避難が呼び掛けられていたが，一時的に雨がやんだことにより住民が安心し避難を行わなかったことが，被害拡大の一要因と考えられている．

この災害を契機に，住民の事前避難を促すための効果的な防災啓発活動のあり方が検討され，その中

図 5.5.9 いろいろな砂防副読本（土砂災害防止広報センター）

で，これまでの模型実験などではなく，土砂災害の実態や恐ろしさを疑似体験できるような，よりインパクトのある広報機材を開発すべきとの指摘がなされた．

それを受けて，当時最先端技術であった3Dによる映像制作に着手することとなり，翌平成10年（1998），3D映像の第1号として8分の作品「土砂災害に備えて」（四国山地砂防事務所制作）を発表，以降ハイビジョン3Dを含む3D作品を手がけていった．

これらの作品の上映にあたっては，ボディソニック装置による振動により，見る人により強烈な印象を与えられるよう画像と一体となった動的振動解析による連動性を高めるなど，工夫をしている．

同時に，これら映像制作と並行して，各種砂防イベントや地域イベントの場での3D上映を普及させるため，エアテント式の3Dシアターを開発した（図5.5.10）．本装置は，コンパクト版を含め，現在レンタルにも対応しており，いろいろなイベントなどへ貸出し，活用されている．

いろいろな作品が制作されたが，幸田文のエッセイを映像化した「崩れ」（立山砂防事務所と砂防関係団体の制作）では，とくに3Dハイビジョンの迫力ある映像が評価され，土木学会映画コンクールの部門賞を受賞している（図5.5.11）．

(2) 「土石流の匂い」とその装置の開発

前兆現象を具体的に説明する特徴的なものとして開発された「土石流の匂い」装置も3Dシアターで活用された．

この「土石流の匂い」は香料会社の協力を得て独自に調香されたもので，土石流の発生現場によくある「木の根っこの腐った臭いや異臭」，火砕流が発生した場所での「焦げ付いた臭い」などの3種類のサンプルをつくり，その中から災害現場を数多く踏んだ専門家による選定を経て採用されたものである．

3Dシアター「土砂災害に備えて」の上映では，土石流発生の場面で「土石流の匂い」をシアター内に噴霧し臨場感をもたせる工夫も行っている（図5.5.12）．

(3) 子供向け防災啓発アニメーション

土石流などの現象と発生メカニズム，災害状況と対策に子供たちの興味を引く，わかりやすいアニメーション映像などを多数制作してきた．

中でも「こまった土石流」は，軽快な歌とともに砂防施設の効果をわかりやすく説明する内容となっている．この作品は高く評価され，各地の砂防イベントや砂防資料館の映像シアターなどでも上映されてきた．また，映像の最後に流れる「土石流が来る」の歌に振付けた「土石流体操」が制作され，子供向け学習イベントで，参加者によるパフォーマンスが実施されたこともある．

図5.5.10 3Dシアター

図5.5.12 臭いの発生装置と「土石流の匂い」試写

図5.5.11 崩れの映像

図5.5.13 防災啓発アニメーション「こまった土石流」（山口県）と「土石流体操」の様子

5.5.4 学校における防災教育の支援—副教材を用いたリスクコミュニケーション—

平成12年（2000）の北海道・有珠山の噴火では，研究者と自治体の連携により住民の事前避難がすみやかに行われ，噴火による人的被害は出なかった．

この「成功」の背景には，火山防災マップの全戸配付により，火山が噴火した場合の危険箇所が住民によく周知されていたことに加えて，20年以上にわたって小・中学校で継続されてきた火山防災教育の貢献があったと考えられている．

自然災害の多い日本では，子供たちに災害に関する正しい知識を伝え，災害から身を守る方法を体得させる防災教育の必要性は従前から指摘されていたが，有珠山での成果によって全国的に防災教育に取り組むべきであるという意識が高まった．これが平成20年（2008）の学習指導要領の防災教育の強化の部分として結び付いていくこととなる．

全国的な砂防副読本とは別に，地域における土砂災害に関する防災教育の推進を継続的に支援するため，児童や生徒にとって，身近な地域の特性を入れた学習副教材の開発・製作や，学習プログラムの提案などを行ってきた（図5.5.14）．これらの一環として，平成20年（2008）には，第2章で紹介した国土交通省砂防部の「土砂災害防止教育支援ガイドライン（案）」の作成が行われた．

(1) 地域版副読本・副教材の製作

過去に大きな土砂災害を受けた地域や，活火山を抱える地域において，学校の防災教育に活用できる副読本や副教材が企画製作されている（図5.5.15）．

製作にあたり，砂防事務所の担当者のほか，関係自治体の教育委員会や現場の教師，有識者なども加

図5.5.15　地域版副読本や副教材のイメージ

図5.5.16　「出前授業」のひとこま（身近な飲食物を用いて火山活動を説明）

えた検討委員会や意見交換会を立ち上げ，地域の実情や特徴に即した「確実に使ってもらえる教材」を目指していろいろな教材が検討・製作されている．

(2) 小・中学校での「出前授業」などの支援

地域の小・中学校へ砂防関係機関が出向いて防災教育を行う，「出前授業」や「防災学習」などが多く実施されるようになってきている（図5.5.16）．これらの授業では，教科の時間や教科横断的な時間，あるいは総合的な学習の時間などを活用している．

防災教育として実施する「出前授業」では，ともすると内容や解説が専門的になってしまい，子供たちには十分理解できないこともある．事前に対象学年や授業で実施してもらいたい内容をきちんと把握し，教育現場の声を聴きながら，子供にもわかる資料や解説シナリオの作成などで授業を実施・支援することが大切である．

(3) 砂防フィールドミュージアムなど現地体験学習の支援

国土交通省では平成20年（2008）年度の施策として，「砂防フィールドミュージアム」の整備構想を掲げた．これは，全国の砂防事業が行われている地域を丸ごと，屋外博物館と位置付けて整備し，そこを地域の自然や災害，自然と結び付いた暮らしや文化，災害から地域を守るために行われている砂防について学ぶ場にしようという構想である．

図5.5.14　防災教育推進のための教育関係者との連携イメージ

図 5.5.17 砂防フィールドミュージアムなど現地体験学習の様子

地域の災害特性や過去の災害についての情報は，住民にとっても，また観光で訪れる地域外の人々にとっても，負のイメージがあるため積極的に知ろう，知らせようとは思わないものである．

砂防フィールドミュージアムは発想を変えて，災害に関わる遺構や砂防施設なども「ここでしか見られない地域資源」ととらえ，積極的に提示することにした．見学者はそこでウォーキングや自然探勝，砂防施設の見学などを楽しみながら，結果として土砂災害や防災についての知識を得ることができる仕組みである（図 5.5.17）．

つまり，砂防フィールドミュージアムは「学習施設」であると同時に，地域の「観光資源」としても機能し，地域づくりの一助となるものである．これを地域内外の児童や生徒，あるいは教員も含めて現地体験学習として活用することにより，また座学を適宜合わせることにより，危険な場所の具体的な把握や対策，早めの避難の重要性などを含め，防災への意識啓発の効果をよりいっそう高めることができる．

砂防フィールドミュージアムは，優れた土木構造物などを見学するインフラツーリズムや，より地域性豊かなエクスカーション（巡検），あるいはジオ・パークなどと組合わせることで，さらに魅力ある地域の現地体験学習の場として展開していくことが期待されている．

[緒續英章]

参考文献

土砂災害防止広報センター：ホームページ http://www.sabopc.or.jp/.

土砂災害防止広報センター（2014）：砂防広報センター 30 年のあゆみ．

5.6 土石流シミュレーション

土石流による被害を防止・軽減する方法には，砂防堰堤などの構造物を用いて土砂移動を抑制するハード対策，およびハザードマップに基づく警戒・避難や宅地規制などのソフト対策があげられる．いずれの方法を用いる場合にも，被害領域や規模を高精度で予測することが重要となる．予測には，土石流数値シミュレーションが有効なツールとなる．

5.6.1 土石流シミュレーションとは

土石流数値シミュレーションでは設定された初期条件（地形，土石流の緒元など）上での土石流の挙動を追跡・表現することが可能で，被害に関わる土石流の影響範囲や程度を知るため物理的諸量が得られる（表5.6.1）．場所や時間などの制約なしに，自由な条件下で実施可能であり，観測・現地調査・実験結果からは知りえない情報を提供できる．実災害の検証や，構造物の機能評価にも用いられ，基礎研究の推進のためのツールとしても有用である．

(1) モデルの分類・特徴

土石流シミュレーションモデルは，領域の設定方法の違いから一次元モデルと二次元モデルに大別できる．また，土石流中に含まれる粒径の扱い方から，それぞれ一様粒径モデルと混合粒径モデルに分類できる（水山・藤田，1997）（表5.6.2，図5.6.1）．

領域設定において，一次元と比べて二次元の方が精度的に優れるというわけではない．対象や適用すべき領域が異なることから，適切なモデルを選択することが重要となる．

実現象の土石流はさまざまな粒径を含むことから，本来ならば混合粒径モデルの採用が望ましい．しかし，異なる粒径間の相互作用は未解明な部分が多く，また流下する土石流の粒度分布を測定することは困難であり，河床や災害後の堆積物の粒度分布を複数の粒径階に代表させてパラメータとして与えることなどから，現状で混合粒径モデルを用いても十分に精度が高い結果が得られるとはかぎらない．また，大規模な出水で河床砂礫の大部分が激しく移動する際は流送量に粒度分布の影響がほとんど現れないことなどから，土石流数値計算では一様粒径モデルも十分に適用に足るものとして採用されることが多い．

表5.6.1 土石流シミュレーションの入出力

入力	地形	勾配，河道幅，移動可能土砂厚
	土石流の緒元	流量，土砂濃度，継続時間，粒径，流体相密度
	砂防施設	種類・高さ・堆砂状況
出力	谷出口・砂防施設の状況	流量・流砂量，到達時刻
	影響する範囲	流動深，侵食・堆積深，流速，流本力

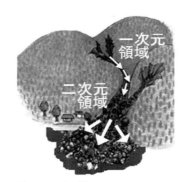

図5.6.1 土石流シミュレーションにおける領域の概念図

表5.6.2 土石流シミュレーションモデルの分類

領域	一次元	急勾配の谷地形を対象とし，流れ方向（一方向）に計算を実施する． 流れ方向とは谷筋沿いに計算することで，直線河道である必要はない． 横断・鉛直方向の変化は考えず，断面平均された水深，流速，濃度を採用する． 渓流から発生・流動する土石流を追跡する場合や，土砂流出量の調節を目的とした砂防施設の機能評価を行う際に有効である．
	二次元	緩勾配である谷出口から下流側（扇状地）の土石流の氾濫・堆積過程を計算する． 谷による拘束がなくなるため，流れは下流だけでなく横断方向にも広がることから，流れ方向・横断方向の二方向の運動を解く． 一般的に平面二次元計算を指す．
粒径	一様	土砂を平均粒径で代表させて，一様砂礫で構成されるものとして取り扱う．
	混合	土砂を複数の粒径階に代表させて，各粒径階ごとに独立に土砂の体積保存則を用いて計算する．

(2) 支配方程式

一般的な土石流シミュレーションでは，砂礫と水の混合体である土石流を1つの流体として扱う水理学的手法が用いられる．さらに，土石流は，河床材料を侵食することで発達し，土砂を堆積させることで減衰する．この侵食・堆積過程において河床勾配を変化させながら流動する性質をもつことから，土石流シミュレーションでは，1つの流体として土石流の流れを追跡するのに加えて，流れと河床との間に生ずる質量交換（および運動量交換）と，それに伴う河床位変化を考慮しなければならない（高濱，1998）．

このような性質から，土石流の発達から流動・堆積までの過程を追跡する土石流シミュレーションの支配方程式は土石流全体および土砂についての運動方程式，体積の保存則，河床の連続式から構成される．

運動方程式

$$\frac{\partial u}{\partial t} + u\frac{\partial u}{\partial x} = -g\frac{\partial H}{\partial x} - \frac{\tau_b}{\rho_m h}$$

水・土砂を含めた全容積の保存式

$$\frac{\partial h}{\partial t} + \frac{\partial uh}{\partial x} = i_b$$

土砂の体積の保存式

$$\frac{\partial Ch}{\partial t} + \frac{\partial Chu}{\partial x} = i_b C_*$$

河床の連続式

$$\frac{\partial z}{\partial t} + i_b = 0$$

ここで，u：流速，t：時間，x：流れ方向の座標，g：重力加速度，Hは流動面標高で$H = h + z$，τ_b：河床面せん断力，ρ_m：流体相密度，h：流動深，i_b：侵食・堆積速度，C：流動層濃度，C_*：河床堆積物の体積濃度，z：河床高である．

特徴的な点は運動方程式中の河床面せん断力 τ_b，および河床位方程式中の侵食・堆積速度 i_b で，これらが各研究グループで異なる点となる．しかし，一部の条件下では計算結果に差異が生じるが，実務上の適用では研究者間で議論されるほど大きな違いを生じないことが多い．

(3) 汎用システム

これまでに多数のモデルやプログラムが提案され，代表的なモデルとして高橋モデル（高橋・中川，1991），江頭モデル（江頭他，1988）があげられ，汎用プログラムとして国内では KANAKO（中谷他，2008a，b），海外では FLO2D（O'Brien J. S. et al., 1993）などが広く利用されている．しかし，10年ほど前まで利便性やモデル・プログラムの適用における課題があった．

この課題を解消するため，中谷他（2008a，b）は扱いやすい GUI（graphical user interface）を実装し，既存のプログラムに改良を加えて複数のプログラムを効率的に統合・集約した汎用土石流シミュレーションシステム KANAKO を開発した．計算部には高橋モデルを採用した．汎用システムでは，ユーザーはマウスなどを用いて条件を入力でき（図5.6.2），結果がリアルタイムにアニメーション表示

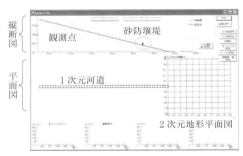

図5.6.2 KANAKOの入力画面

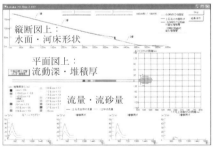

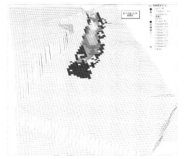

図5.6.3 KANAKOの出力画面（上段：主画面，下段：二次元領域画面）

されることから直感的に理解できる（図5.6.3）．また，条件に応じたモデルや式が適用され，高度な計算が手軽に実行可能となる．KANAKOは，土石流挙動がビジュアル表示されるため視覚的に理解しやすく，住民への説明や，砂防・治山技術者に対して土砂移動現象や施設効果を理解するための教育ツールにも有効である．

5.6.2 土石流シミュレーションの適用

土石流シミュレーションを実施するには，まず地形条件を設定する．地形図から判読する方法や，最近では数値標高データやDEM（digital elevation model）が比較的容易に取得可能となったことから，それらを用いて自動的に設定するシステムも開発されている（堀内他，2012）．急勾配の山地渓流を一次元，勾配が緩く住宅地などの存在する扇状地を二次元領域（図5.6.4）として設定する．

対象に応じて適宜，砂防堰堤の種類や高さ（図5.6.5），位置，堆砂状況や，河道上の移動（侵食）可能な土砂厚を設定する．最近では，扇状地における家屋の存在による土石流の氾濫・堆積過程への影響も示されていることから，メッシュサイズ（計算点（二次元の場合は計算格子）の大きさ）に応じて家屋などの構造物を地盤高から補正する方法もある（中谷他，2014）．

つぎに，土石流の諸元として供給ハイドログラフ（横軸に時間，縦軸に流量をとった時間変化を表す図）についてピーク流量や土砂濃度（図5.6.6），継

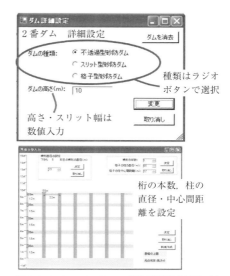

図5.6.5 KANAKOでの砂防堰堤設定画面（上段：種類・高さの設定，下段：格子型堰堤形状の設定）

図5.6.6 KANAKOの供給ハイドログラフ設定画面

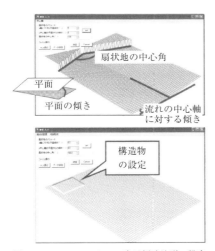

図5.6.4 KANAKOの二次元領域地形の設定画面

続時間，土砂の粒径，流体相密度を設定する．一波だけでなく複数波の土石流が連続して発生することもあり，対象に応じて複数のシナリオを検討することが望ましい．また，上流端から土石流として供給するのか，上流端から水のみを供給して河道上の土砂侵食によって土石流を発生させるのかなども考慮すべき点である．粒径は，代表粒径として設定する場合は，発生域から下流まで移動したと考えられるサイズを対象とする．土砂の中でも，礫分（固体）ではなく流体として移動すると考えられる細かな成分は，流体相の密度として考慮する．

以下，適用例を示す．図5.6.7は，山地渓流に砂防堰堤を設置した河床変動計算の結果である．堰堤上流で堆積した一方，堰堤下流では侵食が発生した箇所が確認される．図5.6.8には一次元領域の土石流発生渓流における砂防施設の設置状況の違いによ

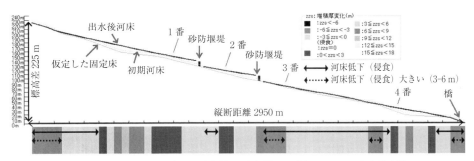

図 5.6.7 KANAKO の適用例（砂防堰堤を設置した渓流における河床変動計算）

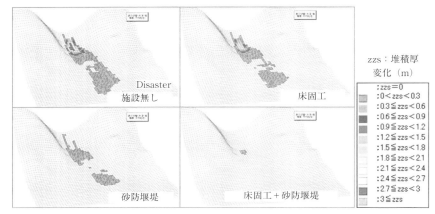

図 5.6.8 KANAKO の適用例（一次元渓流の砂防施設状況の違いによる二次元領域における堆積厚変化）

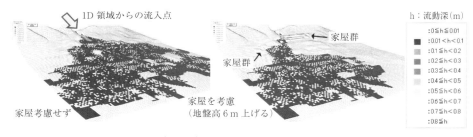

図 5.6.9 KANAKO の適用例（二次元領域の家屋設定の違いによる氾濫範囲の変化）

る二次元領域（扇状地）の堆積変化を示す．無施設の場合は広範囲で値も大きいが，施設設置により範囲・値とも縮小した．図 5.6.9 は扇状地における家屋が土石流挙動に及ぼす影響を検討した．家屋を考慮する場合は地盤高を補正した．家屋群を考慮すると，考慮しない場合と比較して流動方向が変化することが確認された．

このようにシナリオによる違いや被害状況との比較検証，ハザードマップ作成などを実施する際は，流動深や侵食・堆積深が指標となる．谷出口での土石流挙動の把握や，砂防施設の効果を検証する際は，流量や流砂量を指標とすることが多い．その他にも，とくに家屋などの構造物の破壊を検討する際は流体力（流動深と流速を用いて算出可能）などが指標となる場合もある．

［中谷加奈］

参考文献

江頭進治，芦田和男，佐々木浩（1988）：土石流の流動機構．第 32 回水理講演会論文集，485-490．

高橋　保，中川　一（1991）：豪雨時に発生する石礫型土

石流の予測，新砂防，44（3），47-52．
高濱淳一郎（1998）：土石流による河床変動，砂防学会誌，51（3），66-72．
中谷加奈，小杉 恵，内田太郎，里深好文，水山高久（2014）：土石流の氾濫・堆積に及ぼす家屋の影響―平成24年7月熊本県阿蘇市土井川で発生した土石流を対象として―，第7回土砂災害に関するシンポジウム論文集，85-90．
中谷加奈，里深好文，水山高久（2008a）：GUIを実装した土石流一次元シミュレータ開発，砂防学会誌，61（2），41-46．
中谷加奈，和田孝志，里深好文，水山高久（2008b）：GUIを実装した汎用土石流シミュレータ開発，第4回土砂災害に関するシンポジウム論文集，149-154．
堀内成郎，岩浪英二，中谷加奈，里深好文，水山高久（2012）：LPデータを活用した土石流シミュレーションシステム「Hyper KANAKO」の開発，砂防学会誌，64（6），25-31．
水山高久，藤田正治（1997）：河床変動計算のススメ，砂防学会誌，50（1），67-71．
O'Brien J. S., Julien P. Y., Fullerton W. T. (1993): Two dimensional water flood and mudflow simulation. J. Hydrol. Eng., 119 (2), 244-261.

5.7 ゲームを使用した防災イベントの利点と課題

防災を楽しく学ぶ方法はないだろうか．例えば，漫画で学ぶという手段がある（「彼女を守る51の方法」，古屋，2006など）．また，体験という手段がある（「るるぶ」で紹介されている防災体験のできる施設など）．あるいは，ゲームを使用して学ぶ手段もある．岐阜県が作成した「幼児向け防災教育カードゲーム」などは，誰でも利用できる．

防災イベントにゲームを使用する意義は，第一に，防災に特別興味のない人たちを呼び込めることにある．小学生程度の子供の興味を引きやすく，子供とともにその親も引き込める．シニア層も，楽しみながら参加することができる．

防災的な意義ももちろん期待したい．しかし，ただの遊びで終わらせないためには，ゲームによってはファシリテーターの役割が重要となる．ここではゲームの進行だけではなく適宜情報を付け加える役割も担う．筆者は，大学サークルで「震災シミュレーションゲーム」という地震時の状況を想定してもらうゲームを使用した活動を行っていた．本節では，実際の活動体験を交えながら，ゲームを利用した防災イベントの利点と課題をまとめた．

5.7.1 活動例に基づく防災ゲームの利点と課題

筆者らのサークルは，防災にあまり興味のない人たちに防災を考えるきっかけをもってもらうことを意識し「防災を楽しく学んでもらうこと」を活動目的に掲げ，震災シミュレーションゲームなどのゲームを使用して，他校の学園祭や市の防災イベント，ボランティアの集まりなどでブースを出展していた．使用していた震災シミュレーションゲームとは，地震の際に想定される状況を体験してもらう双六形式のゲームである．双六形式の防災ゲームは市販品もあるが，時間に余裕があれば双六の自作を防災イベントのメニューに加えると防災啓発効果は大きくなるだろう．おもに，夜に家で寝ているときに地震が起きて，家から近くの公園まで避難してもらう「一時避難編」と，地震が起こった後の避難所での避難生活を想定してもらう「避難所生活編」を使用していた．一時避難編は，開始時に6種類の中から3種

図 5.7.1 双六「一時避難編」で遊ぶ様子

図 5.7.2 双六「避難所生活編」の使用グッズ（用具）例

避難所生活編では，さまざまな防災グッズ双六カードを配り，使用してもらう．

類の防災グッズを選んでもらい，その防災グッズによって双六のマスの結果が異なる．避難所生活編は，はじめに 10 個の防災グッズを選んでもらい，マス目に書かれた状況に選んだ防災グッズで対応してもらう．ゲームにはファシリテーターとしてサークルのメンバーが参加する．

(1) 活動例 1：学園祭でのブース出展
①利点

大学の学園祭などで行う場合，祭に来ている人たちは，防災を学ぶつもりで来ているわけではない．だが，「ゲーム」や「すごろく」という文字をブースの紹介チラシなどに入れておくと，親子連れが興味をもってくれる．また，目的もなく見物している人や，目当ての出し物がはじまる時間までが暇である人も多く，そのような人を引き込むことができる．ただし，注意すべき点もある．すなわち，ブースに来た人がまず尋ねるのが「どれくらい時間がかかるのか」であった．防災に関心をもたない彼らは，長すぎるとブースに入ってくれない．そのため，プレイ時間の設定は重要である．ゲームは 2〜4 人でプレイするものであり，筆者たちは（参加人数）×5 分を目安にした．

学園祭では，とくに親子連れが多く訪れる．つまり，小学生の親世代も相手にできる．だが，親は子供の参加のために訪れる場合が多く，誘っても「見ているだけ」になりがちである．よって，ファシリテーターはゲームに沿って子供たちにいくつか質問をしながら親をゲームに引き込む必要がある．例えば，ゲームのマス目に防災袋に関する指定があった場合にはファシリテーターが子供に「防災袋って何か知っている？」「防災袋は家のどこにある？」と質問してみる．わからなくなったところで「お母さんに聞いてみよう！」と言ってみる．こうして親に話を振り，防災袋の置き場や防災袋に入れておく具体的な物品に関する話に展開させることが可能になる．

②課題

ただ楽しかったで終わらない工夫が必要である．ゲームのボードそのものには，できる限り情報を簡略に伝えられるよう最低限のことしか記されていない．よって，ファシリテーターが適宜説明を加えなくてはいけない．例えば，「玄関がゆがんで開かないよ！裏口，窓等から出るので一回休み」というマスがあるのだが，本当にそうなのか，と参加者に考えてもらう質問をしてみる．自分の家の裏口が物でふさがっていないか，裏口も窓もゆがんでいたらどうするか．親子連れなら，少し話し合ってもらうことができる．あまりファシリテーターの話が長いと参加者は飽きるので，情報は相手を見ながら入れていく．また，ゲーム終了時に「終了証」としてゲーム中に役に立った防災グッズを参加者一人一人が記入してもらい，ゲーム内容を復習してもらう．役に立った防災グッズは一人一人違うので，複数人で参加した場合には防災グッズを話し合うきっかけになる．

(2) 活動例 2：ボランティア団体の集まりでのブース出展
①利点

ボランティアを行っている団体の集まりや，防災関連の活動を行うほかの団体とともにブースを出す場合，シニア層の女性や，防災に興味がある人が参加することが多い．

シニア層の女性は，興味をもって参加してする人も多く，具体的な話をしやすい．こちらが 1 つきっかけを提示すれば，いろいろと話し合ってくれる．

何より，ゲームを楽しんでもらえる．また，過去の地震の状況を知っている人もいるため，地震を直接は知らない人からすれば，貴重な話が聞ける．
②課題
　一方で特定の年齢層の方しか来ないという面もある．たとえその集まりにさまざまな年代の人が参加していたとしても，ブースに訪れたのはおもにシニア層といわれる人たちが多い印象であった．ゲームであることは，20代～40代の人たちを遠ざける原因ともなりうる．
③工夫
　ゲームであることを強調すると，おもに小学生以下の子供たちか，シニア層の女性を引き込める．また，シニア層の女性は，複数人で集まりに参加していることが多く，友人や夫を引き込むことができる．

(3) 活動例3：依頼を受けてこども園でイベント開催
①利点
　依頼を受け，完全に子供のみを相手にイベントを開催すると，時間が長くとれる（1～2時間程度）ため，具体的な話を織り交ぜやすい．
②課題
　子供を対象とするときには飽きさせない工夫が必要である．また，相手の年齢に応じた内容にすることも重要である．相手が小学生以下なら，知識を応用するときにも注意すべきである．あるこども園で言われたことで，「1つの問いに1つの答えを用意した方が子どもは受け入れやすい」というものがあった．さまざまな状況を想定してもらいたい場面であっても，相手に理解してもらわなくては意味がない，というのは重要な知見である．

5.7.2　まとめ

　ゲームであることは，小学生以下の子供たちやシニア層を取り込みやすいという利点があるとともに，楽しかっただけで終わらせない工夫が必要である．本節で紹介した事例がこれから防災ゲームのファシリテーターを務める人の一助となれば幸いである．

〔北山祐希〕

参考文献

古屋兎丸（2006）：彼女を守る51の方法，新潮社，186p.

るるぶ.com「防災体験スポット」の無料スポット：http://www.rurubu.com/season/special/tada/list.aspx?gc=7.

岐阜県　幼児向け防災教育カードゲーム：http://www.pref.gifu.lg.jp/kurashi/kosodate/kosodate-shien/hoiku/bousai-cardgame.html.

コラム：国連 ESD

「国連持続可能な開発のための教育の10年 (United Nations Decade of Education for Sustainable Development)」は，日本政府が提案し国連総会で採択され，2005年に開始された．ESDのための15の戦略的テーマ（自然資源，気候変動，農村開発，持続的都市化，災害の防止と軽減，人権，平和と人間の安全保障，男女同権，文化の多様性と異文化理解，健康，エイズ問題，ガバナンス，貧困削減，企業の責任と説明能力，市場経済）が設定され，これまでにUNESCOを中心として活発な取組みがなされている．

防災についても，UNESCOによって稲むらの火の教訓を各国語に翻訳する活動もなされ，国内でもESDと防災についての取組みがなされ，また学術雑誌でも防災教育とESDについての特集が組まれている（例えば，池下（2012），大西（2012），阪上（2012）など．

しかし，ESDがたいへん広い分野を対象とした包括的な取組みということもあって，具体的にどのような防災教育をすれば，その趣旨に沿うことになるのか，とまどいの声も聞かれる．この点に関して，UNESCOのESDの説明から2箇所を抜粋して紹介する（下線は筆者による）．

「ESDは，質の高い教育を通じ一連の価値観を身につけることで，社会構造とライフスタイルの転換を目指しています．ESDは，文化を基礎に，社会・環境・経済の3つの柱を軸とし，その中心は"尊重の価値観"（現在・将来世代の他者の尊重・相違と多様性の尊重・環境と資源の尊重）にあります．」（ユネスコ・アジア文化センター「持続可能な開発のための教育（ESD）」より引用）

「ESDとは，また，持続可能な開発の基盤となる価値観や行動の指針を広げるような教育です．つまり，問題意識を持つこと，その課題について知ること，課題を総合的に理解すること，課題と自分とのつながりを考えることを通じて，持続可能な開発のために，行動する人，行動できるスキルをもった人を育てることがESDです．さらに，問題・課題解決のために人と意見を交わし，あるべき方向を確認し，ともに行動できるような人を育てることがESDです．」（ユネスコ・アジア文化センター「ESDについて」より引用）　　　［田中隆文］

参考文献

ユネスコ・アジア文化センター：持続可能な開発のための教育（ESD），http://www.accu.or.jp/jp/activity/education/02-02.html.

ユネスコ・アジア文化センター：ESDについて，http://www.accu.or.jp/esd/jp/about_esd/index.html.

5.8 防災減災教育における双方向コミュニケーションの実現

国連 ESD（持続可能な開発のための教育）では，尊重の価値観や，「価値観や行動の指針を広げること」を重視している．これらは双方向コミュニケーションの基礎であるとともに，災害に関してよく指摘される以下の4つの問題についても解決につながるヒントを与えてくれる．

① 正常化の偏見
② ステークホルダー間の温度差
③ 日常と非日常の連関
④ 離散的ランク付けに対する杓子定規な対応

①は，その人の独自の判断基準や災害観が原因となっており，その価値観とは異なる見方への気付きが重要となる．ここでは，立体図形を用いた教材を紹介したい．

②は，行政と住民，あるいは区域内と区域外という二極的な立場の違いだけでなく，世帯ごとの家族構成の違いや住居の立地・構造などさまざまな条件によって，災害に対処する状況も災害から受ける被害も異なるが，その違いをなかなか実感できない．ここでは，空に輝く太陽の写真を用いた教材を紹介する．

③では漢字3文字の専門用語として土石流を捉えるのではなく，日常から目にしている景観と非日常現象の災害を結びつけて捉えるための啓発手法として，スーパーマーケットの折り込み広告を用いた手法を示したい．

④では「離散化して分類」という問題を扱う．地震の震度や台風の「猛烈な」，「強い」，「弱い」など，本来は連続的に変化する現象を離散化してランク付けすることは多い．注意報・警報・特別警報などどれが発令されているかによって防災マニュアルの対応も異なってくる．台風が熱帯低気圧になった時点で，マスコミの取り上げ方も軽くなる．このようなランク付けに対する杓子定規な対応に関して，日本庭園を用いた教材を紹介したい．

5.8.1 教材の提示と実施

(1) 教材1：一面だけみていては気付かない

この教材は小学6年生を対象として開発した．円柱や三角錐などの立体図形に対する関心は高く，その面や頂点の数についても，小学6年生はよく知っている．大人にとってはちょっと忍耐のいる教材例かもしれないがお付き合い願いたい．

図5.8.1のグラフには横軸に面の数を，縦軸に頂点の数をとっていろいろな立体図形がプロットされており，「立体図形を横から見た形」で凡例を示している．「横から見たら四角形」の記号を付された立体図形が破線上に並び，「横から見たら三角形」の記号を付された立体図形が実線上に並ぶことを告げてから，「ではここで問題です」と言って，面の数が1，頂点の数が0のところにプロットされている図形の名前を尋ねてみる．

小学6年生は，面の数が1，頂点の数が0の立体図形は球であることを知識としては知っている．しかし，「横から見ると三角形」の記号が付された図形を連ねた延長線上に位置することから，横から見ても三角形ではない球と回答することにためらいを示す反応が多かった．この質問の立体図形は「横から見たら円形」の記号が付されていることを念を押しても，とまどいは消えない．

次に，図5.8.2の右のグラフを示し，下から見た形の凡例でのプロットを示すと問いの図形の周りに「下から見ると円形」の記号が集まり，ほっとしたという反応が広がった．どの特徴に着目して凡例をつけるのかによって，図の解釈が誘導される．このことを実感してほしい．

災害科学などフィールドで実施される研究では，図の横軸・縦軸・凡例などに明示された要因以外に

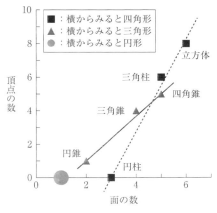

図5.8.1 「横から見た形」で凡例を示した場合の立体図形の面の数と頂点の数の関係

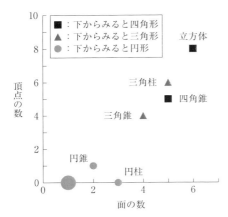

図 5.8.2 「下から見た形」で凡例を示した場合の立体図形の面の数と頂点の数の関係

も，多くの要因が関わっている可能性がある．しかしある一面だけに注目して凡例をつけてしまうと，その凡例の違いが示されているという思い込みをもってしまう．一面だけ見ていては気付かないこともあるが，科学的に示される図は一面しかみせていない．思い込みを持たず，あらゆる事態に備えることは，正常化の偏見を揺さぶるきっかけとなり防災・減災においてとくに重要である．

(2) 教材2：太陽の向こうへ行った？

近年，夏の猛暑の記録が更新されている．空にギラギラと輝く太陽を見てため息をつくことも多い．この暑さを表現した写真とともに以下の3つの質問を，いろいろな機会にさまざまな年齢層の人に尋ねてみた．回答者は小学生のこともあれば，高校生の場合も大学生の場合もあり，シニア層から構成されていることもある．

図 5.8.3 は，暑さを表現した写真である．ビルの谷間からのぞく真夏の太陽が，頭上から容赦なく照り付けている．猛暑の源である太陽は表面温度が約6,000℃であるが，地球上でそこまで温度が上昇しないのは，太陽と地球の距離が約1億5,000万kmもあるためで，その距離は光の速さで移動しても約8分かかる．1つめの質問は「太陽の表面に行ってみたいか？」である．行きたいと答える人は少ないが，当然燃えたり溶けたりしない特別な宇宙船や防護服があればという条件付きとなる．つぎに写真の太陽の部分を指しながら「このギラギラ輝いた太陽の向こう側に行ってみたいか？」という2つめの質問を示す．太陽を挟んでちょうど地球と反対側の直線距離で3億km，マッハ5で飛んで行っても2,000日以上かかる距離である．さらに「このギラギラ輝いた太陽の向こう側に行ったことがあるか？」が3つめの質問である．ほとんど手があがらない（さまざまな世代にこの問いをしてきたが，これまで私が見てきたところでは3，4名のシニアの方が手をあげたのみであった）．読者諸氏は，「太陽の向こう側」に行ったことがあるだろうか？筆者はすでに40回以上も行ったことがある．

図 5.8.4 は公転の様子を描いた図であり，地球が太陽の周りを回っていることに，いまさら驚きも感激もない．図 5.8.3 は太陽を回っている地球から太陽を見た「当事者」の目線からの構図であり，図5.8.4 は宇宙のどこかから「客観的に」公転を見た図である．従来の科学では「客観性」が重視され，公転を冷静に天体の運動という物理現象としてみていた．しかしこの客観的な科学的事実をいくら諳んじてみても，「ギラギラ輝くあの太陽の向こう側へ行く」という地球上にいる主体か見た当事者目線とは結び付かない．すなわち，さまざまな主体・立場による多様な見方を獲得することは簡単ではない．ステークフォルダ間の温度差について考えるきっかけとして欲しい．

図 5.8.3 ビルの谷間からのぞく真夏の太陽の写真

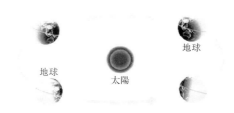

図 5.8.4 宇宙のどこかから「客観的に」公転をみた図

(3) 教材3：絵でみた土石流

スーパーの新聞折込広告のバナナの写真に小さい活字で「写真はイメージです」と付されている．これは広告の写真が実際の商品の色・つやを示すわけでも，実際の商品の大きさを示すわけでもないことに了解を求めているのである．ビジュアルなバナナの写真ではあるが，「バナナ」というカタカナ3文字以上の情報はない．土砂災害に目を向けてみれば，「土石流」という用語を用いるときに漢字3文字以上の情報を伴っているのだろうか．典型的な，絵で見るような，土石流を想定してしまってはいないだろうか，という点に目を向ける教材である．「土石流」という漢字3文字からどんな土石流をイメージしたのか披露しあうとよい．

以下に実施例を示す．

①食品スーパーの新聞折り込み広告（そのカラーコピーでもよい）を用意し，参加者に配布または回覧する．（図5.8.5）

②広告中の「写真はイメージです」という活字を拡大して見せる．「ここに「写真はイメージです」と小さく書いてあります．お気付きでしょうか？このバナナにも，このキャベツにも鮭やアサリにも「写真はイメージです」という言葉が書いてあります．も

う一度見てください」（再度回覧する）

③広告の別の箇所を指しながら，「ところが，レトルトカレーやチョコレートには，「写真はイメージです」という言葉が付いていません．どうしてでしょうか」．「洗剤や衣料品にもついていませんね」

④この②と③の違いについて考えてもらってから「回答」を示す．「どうやら工場で，機械で製造されるものには付いていないようですね．ではどうして生鮮食品には付いているのでしょうか？」

⑤「これは，広告に使われているバナナの写真は販売されているバナナそのものの写真ではありません，というメッセージなのですね．広告の写真と見比べて，大きさや形，色・つやが違うことがあるかもしれないけれど，広告の写真はイメージなので販売している実物とは違いますよ，というメッセージなのです」

⑥「広告のバナナの写真は大きさや色といった情報を伝えるのではなく，単に「バナナ」というカタカナで書けば3文字，6バイトの情報しかもっていないのです．画像データの大きさは数十キロバイトはあると思いますが，伝えている情報量はわずか6バイトのバナナを表わす記号でしかないのです」

⑦土石流や表層崩壊の写真を見せる．土砂災害防止のパンフレットでもよい．「この土石流や表層崩壊の写真を見ると，こんなのが襲ってくるのかとか，これではどこに逃げればよいのかとか，いろいろ思いはあると思います．でも，これも写真といういう一つのイメージなのですね．バナナの大きさや色はさまざまで写真のとおりではないという例を先程あげましたが，土砂災害もまさにさまざまです．これらの写真とはまったく違うものが襲ってくるのかもしれません」

図5.8.6には，各県の砂防担当部署のホームペー

図5.8.5 スーパーの広告の写真に付された「写真はイメージです」の小さな活字

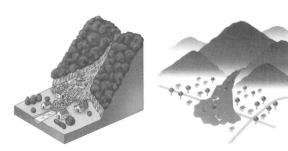

図5.8.6 各県の砂防担当部署のホームページに掲載されている土石流のイラスト
（左：長崎県，中央：愛知県，右：和歌山県）

ジに掲載されている土石流のイラストを示したが，参加者在住の県のイラストも加えたい．これらを眺め，各自が抱いた印象を語り合っているうちに，人々は日常から目にしている景観と，非日常現象の災害とを結び付けて発言していることに気付くであろう．

(4) 教材4：グレーゾーンへの留意

数学のように厳密な定義で分類する場合とは異なり，災害では定義で分類できるほどの情報がない場合も多い．○○のようなものという典型例を用いてクラス分け，カテゴリー分けがなされている場合は，混乱を招くことがある．典型例のどの特徴が典型的で，またどの特徴が例外なのか，典型例を用いた議論と具体的な個別事例はかみ合うのか．この実践例は討論形式で進め，あえて議論の混乱を実感し，情報の少ない現象の扱い方に注意を喚起したい．

下記に示したカテゴリーのそれぞれの意味を参加者に語ってもらい，認識の違いがあらわになれば成功である．以下の実施例では，討論を盛り上げるためグループ対抗としてみた．台本形式では記述していないが，参加者の関心に合わせて適宜，「行きたい場所」を取捨修正してほしい．

＜実施例＞

① 「まとまった休みが取れたとしたらどこに行きたいですか？」という質問を参加者に向ける．人の好みはさまざまで，行き先として，自然が豊かなところを選ぶ人もいれば，遊園地やテーマパークに行く人もあり，あるいは名刹名勝や博物館を巡る人もいるだろう．里山，自然公園，日本庭園，遊園地，テーマパーク，万博，博物館など，それぞれが行きたいところを表明し，同好のグループに分かれてもらう．

② グループ間で，他の行き先と比較しながら，そのグループが好む「行き先」の良さをアピールしてもらう．

③ それぞれの「行き先」の長短の指摘がアピールされ，グループの対抗意識が高まった頃を見計らい，つぎのような見解を告げる．

筆者「いろいろ意見がでましたが，わたしはどこも似たようなものだと思います．

里山 ≒ 自然公園 ≒ 日本庭園 ≒ 遊園地
　　≒ テーマパーク ≒ 万博 ≒ 博物館

と近似式の記号（≒）でつないでいけば，「友達の友達は友達」的な論理で，里山も遊園地も博物館もつながります」

筆者「もちろん近似記号はイコールではなく，例えば里山と自然公園では「生活」の比重が異なりますし，日本庭園は自然公園に比べて囲い込みや見立てなどのバーチャル的な要素も強くなります．では，こういう違いに目をつぶっても，なお違和感があるのはどの近似記号ですか？」と参加者に問いかける．

既往の実施例では，大学生を対象とした場合でもシニア層の場合でも，日本庭園と遊園地を近似記号でつなげることに強引さを感じると答えた参加者が多かった．文化財保護法で規定される名勝庭園の指定を受けている日本庭園も多くある．いろいろな仕掛けがあって笑い転げたりスリルを味わったりする遊園地と，日本庭園は，似ても似つかないという印象があるのかもしれない．しかしそれらは，日本庭園に対するつくられたイメージであり，また，遊園地に対するつくられたイメージでもある．日本庭園と遊園地の両方を兼ね備えたものとして尾張徳川家の江戸下屋敷「戸山荘」の例がある．ここには宿場の町並みに似せた疑似的な商店街があり，殿様たちが買い物遊びに興じ，さらには庭園内の川を渡った途端に増水するというスリル＆スペクタクルな仕掛けもあったそうである．「日本庭園≒遊園地」が実現していたのである．

この例の場合は日本庭園と遊園地の両方を兼ね備えた事例を紹介したが，両方を兼ね備えた事例を見つけられない場合は，それぞれの行き先について参加者が抱くイメージとは異なるものを提示するという方法もある．例えば「万博」についても大阪万博と愛知万博は大きく異なるし，19世紀のパリ万博はもっと異なる．あるいは「里山」という例に対しても，アニメのイメージを語る参加者が多ければ，里山の実写真の事例を見せるといろいろな発見がある．

グレーゾーンは便宜的につくられたカテゴリー分けやランク付けの産物である．この例を通して，グレーゾーンを想定しない杓子定規な適用に対して，ESDが目指す「批判的な目」をもってもらえれば成功である．

5.8.2　双方向コミュニケーションの実現に向けて

最後に，防災・減災の啓発を目的とした企画にお

いて，なぜ双方向コミュニケーションが必要なのだろうか．誰と誰が何を伝え合うのかを確認しておきたい．双方向コミュニケーションの一方の主役は，専門的な科学知識を有した専門家である．科学的な知識とは，理論的にあるいは統計的に検証され，条件が同じであればどこでも成立する知識である．専門家はこの科学的な知見を発信し説明する．

しかし，例えば東日本大震災以前，科学的な知見は原発のメルトダウンの可能性をどのくらいと見積もり，明治の津波の教訓を語る石碑をどの程度重要視していたのかという教訓が活かされなければならない．科学的な知見が絶対的な唯一の真実ではなく，限界があるという認識も最近なされるようになってきた．科学的な知見は，さまざまな状況に影響されて起こりうる現象のうちの一面に着目した見解なのである．着目していない状況下については，想定外ということになってしまう．

科学的見解が現象の一面だけしかとらえていないという問題に対応するためには，さまざまな条件下におけるさまざまな状況を収集し，さまざまな観点からのさまざまな見解に耳を傾け，より広くあらゆる可能性を想定した科学的な見解を構築していこうという姿勢が必要である．

とくに砂防の現場では，災害の素因となる地形，地質，植生などの特性や誘因となる気象の特性，そして保全対象の地域社会の構造など，さまざまな条件や因子が関わり，個々の現場ごとにその特徴は異なる．そのため一般的な傾向や平均的な特性という理解だけでは実態と乖離しかねない．教科書的な説明だけではなく，例えば，当該の地域について一般的な傾向と合致する事項，および合致しない事項を，専門家と住民たちがいっしょに調べていく双方向コミュニケーションが必要なのである． ［田中隆文］

参考文献

池下 誠（2012）：中学校における ESD 実践の現状と課題：東北地方生活・文化を中核とした考察．新地理 60-1，37-41．

生方秀紀・神田房行・大森 享編（2010）：ESD（持続可能な開発のための教育）をつくる―地域でひらく未来への教育―．ミネルヴァ書房，237p．

ACCU（2007）：未来へのまなざし：アジア太平洋 持続可能な開発のための教育（ESD）の 10 年．ユネスコ・アジア文化センター，160p．

大西宏治（2012）：地図を活用した防災教育の有効性．新地理 60-1，30-36．

角屋重樹（2012）：学校における持続可能な発展のための教育（ESD）に関する研究最終報告書．国立教育政策研究所，345p．

川喜田二郎（1967）：発想法．中央公論社，220p．

阪上弘彬（2012）：高等学校地理におけるクロス・カリキュラム理論を取り入れた ESD 授業開発．新地理 60-2，19-31．

中日新聞（2014）：中日新聞の ESD：地球未来こども塾．中日新聞（平成 26 年 8 月 26 日朝刊掲載）．

中澤静男・土海雅奈・英 優美・二階堂泰樹（2014）：陸前高田市文化遺産調査における ESD 教材開発（3）― ESD としての防災教育―．教育実践開発研究センター研究紀要，23（通巻 36），163-168．

藤垣裕子（2002）：現場科学の可能性．小林傳司編著，公共のための科学技術．玉川大学出版部，204-221．

藤村 健（2009）：環境教育が地球を救う：日本の環境問題の歴史と京都議定書，ポスト京都議定書を読み解く．駒草出版，166p．

村上陽一郎（1984）：非日常性の意味と構造．海鳴社，74p．

吉川肇子・矢守克也・杉浦淳吉（2009）：クロスロード・ネクスト．―続：ゲームで学ぶリスク・コミュニケーション―．ナカニシヤ出版，223p．

コラム：災害伝承—念仏講まんじゅう—

　昭和57年（1982）7月，長崎豪雨災害により長崎県では299名もの死者・行方不明者が生じた．犠牲者の約90％が土砂災害によるものであった．
　山川河内地区は，長崎市の東部の太田尾町に位置し，三方を山に囲まれた緑豊かなところで，南に橘湾天草灘が開けた，古くから35世帯前後を維持してきた農村集落である．隣接する芒塚地区では，長崎豪雨災害の土石流などにより17名もの犠牲者が生じた．山川河内地区でも土石流が発生し，集落中央の山川河内川を流下し家屋などに被害が生じたが，自主避難により1名の負傷者も出ていない．
　実は，この山川河内地区では，江戸時代末期の万延元年（1860）に土砂災害が発生し，33名の犠牲者が出た過去がある．以来，この地区では，この災害で亡くなられた人を供養するため，また，災害を忘れないために，毎月14日にまんじゅうを持ち回りで全戸に配る「念仏講まんじゅう」が行われるようになった．
　くり返しになるが，毎年ではなく，毎月である．それも150年間以上にわたり，念仏講まんじゅうが継承され続けているのである．
　長崎豪雨災害を経験した住民に話を聞くと，「江戸時代に土砂災害があったという話は念仏講まんじゅうを通して知っていた」「犠牲者が出なかったのは観音様のご加護」などと答える．長崎豪雨災害後には砂防堰堤などが整備されたが，この念仏講まんじゅうは今なお続けられ，本地区には「砂防堰堤の水通しから水が出てきたら逃げる」など，警戒・避難に関する意識が根付いている．
　万延元年に発生した土砂災害の経験を契機に，明治・大正，昭和の戦前・戦後の激動の時代も含め，砂防堰堤が整備された今もなお，150年も超えて続けられているこの念仏講まんじゅうは，住民が土砂災害を自身のリスクとして理解し，地域の「絆」をはぐくみ，それを引き継いでいる事例の1つといえるのではないだろうか．
　地域の次世代を担う中学生へアンケート調査を行うと，「念仏講を続けている大人たちは立派で，自分が大人になっても続けたい」と回答した．この中学生の言葉は，配っている大人たちには大変うれしいことで，自治会長の安堵した表情が大変印象に残った．　　　［緒續英章］

参考文献
高橋和雄編著（2014）：災害伝承—命を守る地域の知恵—．古今書院，83-108．

山川河内地区の位置図

山川河内地区の全景(筆者撮影)

長崎豪雨後の状況（撮影：上野一則氏）

馬頭観音の前で鉦はり（筆者撮影）

念仏講まんじゅう配りの様子(筆者撮影)

第6章　防災教育研究の推進事例
—文部科学省防災教育プロジェクト「サテライトを活用した火山防災教育ネットワークの構築」—

　北海道は，明治時代以降のわずか150年で，集落・都市や交通機関などの社会システムを急速に発展させてきた．北海道の社会システムは，自然環境に大きく影響されてきた．なかでも北海道の自然環境は積雪と火山によって特徴付けられている．とくに，北海道の中央部を東西に貫く，駒ヶ岳，洞爺・有珠，ニセコ・羊蹄，恵庭・樽前，大雪・十勝，知床・阿寒，利尻などは，活発な活動を営んできた火山である．火山活動の影響は，噴火だけでなく，火砕流，火山泥流，土石流，農地侵食などの火山噴出物に起因する火山土砂災害にも顕著に現れている．

　火山周辺地域においては，想定される噴火規模に合わせて，土砂災害軽減のためのハードウエア整備が行われてきた．とくに，治山・砂防施設による土砂流出制御は多くの人命と財産を守ってきた．しかし，これらハードウエアに守られて発達した地域社会の住民は，ともすれば自然の猛威を忘れ，火山災害に対する正しい知識と備えを怠りがちになる．このような社会的背景にある北海道では，とくに伝承や生活習慣などに埋め込まれた知恵を活かして，今後いかに防災教育の体制づくりをするかが，重要な課題となる．

　現在，大学，地方自治体，北海道開発局が，それらに加えて最近ではNPOが，火山防災教育について個別に取り組み始めている．その取組みは，専門家や行政機関による噴火予知・噴火時の避難体制にとどまることなく，火山泥流や土石流から身を守り，荒廃した火山山麓を緑化し，地表侵食を食い止めるなど，火山噴火後の防災対策にまで至っている．そこで，これら関係機関のネットワークを活かした「サテライトを活用した火山防災教育」によって，北海道全土にわたる防災教育支援体制をつくり，実践的な防災教育を行うことが必要である．

6.1 火山防災教育の課題

火山噴火のみならず火山噴出物に起因するすべての土砂災害を理解するためには以下の個別テーマについて検討していく必要がある．まず①土砂災害に関連する教材を作成する．また，これらの教材を用いた授業・実習方法を開発し，②学校教職員を対象とした研修カリキュラムを実施する．さらに，大学・行政・研究機関に蓄積された知的資源を生かして③生涯教育・企業教育など実践的な防災教育プログラムを開発し，実施する．また，広大な面積の北海道では，札幌を中核として，いくつかの地方でサテライトを構築して，本事業で開発されたプログラムや教材による実験を④常時インターネットなどを通じて利用できるような火山防災教育ネットワークを構築する．

これらの課題を進めるため，また，①～③に対応するため，（ⅰ）地域の自然の理解（ⅱ）火山の仕組みの理解，（ⅲ）火山災害の理解，（ⅳ）避難警戒の理解という4つの基礎知識をふまえた教育関連教材を開発し，学校教職員を対象とした実践的な防災教育プログラムとして普及させることが必要である．

また，④に対して有珠山・十勝岳などの火山地域において，サテライトを火山防災教育ネットワークに組み込む必要がある．サテライトの運営には若手教員の参加を推進し，小中学校などへの出前講義や，年齢や立場に応じたサマースクールが必要になるだろう．さらに，将来にわたる若手教員と大学院生の参加による継続型災害教育の自立的継続に向けて，火山防災教育のe-ラーニングが課題となる．

6.2 火山防災教育ネットワークの実施計画

火山防災教育ネットワークの実施にあたっては，以下の計画を進めた．

まず，これまでの災害研究によって得られた知見に基づいて，防災教育関連教材を製作する．また，既存のさまざまな教材と合わせて防災教育実習用のプログラムを作成する．

つぎに，これらの教材と教育実習用プログラムをサテライトであるモデル校において実施し，効果評価を行う．その結果に基づき，教材の改良，プログラムの修正を行い，今後サテライトで継続的に実現可能な教材と教育実習用プログラムを完成する．

最後に，学校教職員や火山マイスターを対象とした研修カリキュラムの開発を行う．サマースクール・地元で実施するサテライト研修などで，「周火山現象の理解と防災教育の基盤構築」についての説明をし，理解を得ながら防災教育支援体制をつくり，将来の恒常的な実践に結び付ける．

以上の実施計画を3箇年にわたって行うために，協力機関を編成し（図6.2.1），予算は文部科学省防災教育プロジェクトの支援を受けた．以下に，計画の具体的な実施状況を示す．

・第1年度

防災教育関連教材の作成のため，これまで実施してきた災害研究の成果から，火山泥流，土石流など土砂移動現象の素過程に関する知見を整理した．これに基づいて教材（4m勾配可変実験水路，土石流発生50cm模型装置，降雨浸透土層模型など）を作成した．これらの教材は，身近な日用品を用いて実際の災害を擬似的に発生させるのではなく，物理過程を原理的に崩さないで再現できるように設計した．

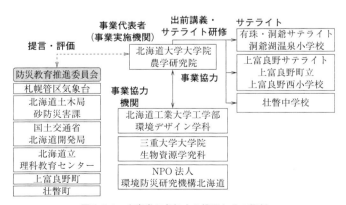

図6.2.1 本事業に参加する機関とその役割

また，大学構内において，実験教育教材の開発とテストを行う場所を確保した．
・第2年度
　第1年度に作成した防災教育関連教材を用いて，実践的な防災教育のプログラムを開発した．プログラム開発は，モデル校として壮瞥町立壮瞥中学校，上富良野町立上富良野西小学校，虻田町立洞爺湖温泉小学校においてプログラムを実施し，その効果の評価を行った．また，社会教育については，NPO法人環境防災研究機構，北海道大学，北海道工業大学が，地域住民を対象としたプログラムを実施し，その効果評価を行った．そして，これらの評価をもとに，教材およびプログラムの改良を行った．火山防災教育ネットワークのために，モデル校の3校においてLANを介したネットワークの構築を進めた．データベースを北海道大学流域砂防学研究室におき，ネットワーク管理用コンピューターを設置した．また，オペレーションのために大学院生を訓練し，ネットワークの継続と大学院教育に生かした．
　さらに，学校教職員を対象とした研修カリキュラムの開発を行い，試験的に実施した．大学・行政・研究機関の有する防災経験を，生涯教育・企業教育に生かすために，研修会・出前講義・サマースクール・火山マイスターの研修を行った．
・第3年度
　本プログラムが終了後にも，継続的に防災教育を実施できるように，火山土砂災害のネットワークのオペレータやサテライトでの研修講師として，大学院生を養成した．なお，これらに携わった大学院生は，卒業後のキャリアパスとして，関連企業に就職した．
　以下では，計画の各段階における教材，プログラムの開発などについて，詳しくみていく．

6.3 防災教育教材の作成

・目標
　これまでの火山災害関連の研究成果に基づいて，モデル校となる小・中学校などで行う出前講義，火山防災教育ネットワークによるサテライト研修や大学内でのサマースクールにおいて利用するために，さまざまなタイプの泥流災害の再現や模擬火砕流発生を試験し，安全かつ簡単に火山災害現象の素過程を再現できる教材の作成を目標とする．

・方法
　火山泥流などの発生実験のために給排水可能な現地の地形に似せた実験用地形モデル（10 m四方程度の教材・実験用砂場）を作成し，泥流災害実験と模擬火砕流発生のテストをくり返した．これを参考に，出前講義で使用するための火山泥流再現実験や模擬火砕流実験の教材を作成した．地形モデルは，サマースクールや本学の学生実習においても利用した．また，これまで火山泥流・土石流の研究用に製作した4 m勾配可変実験水路，土石流発生50 cm模型装置，降雨浸透土層模型（既存設備）なども教材として活用した．
　防災教育関連教材は，物理的原理を損なわないで，安全にかつ簡単に火山災害現象を再現できるものを製作することが必要である．教材としては，火山泥流の実験模型と火砕流の実験模型，火山泥流・土石流実験用の可変実験水路，降雨浸透土層模型（既存設備）を作成した．
　図6.3.1は，火山泥流の実験模型の設計俯瞰図と完成した教材である．この教材模型において，模型中央の水路に砕氷塊を敷き詰め，火山噴出物を想定して，100℃以上に熱した砕礫を供給し，砕氷塊の融解とともに泥流を発生させる仕組みである．模型下部の扇状地には，流路工を設置し，泥流のオーバーフローも見られるようにした．つぎに，火砕流の実験模型の設計俯瞰図と完成した教材を示した（図6.3.2）．これは，流路天端から300℃以上になったフライアッシュ（石炭燃焼時に生産される灰）を一気に放出して，流路下部より圧縮空気を送りながら火砕流を発生させる仕組みである．外見は，火山泥流の模型と同様に，写真のような枠組みを作成した．

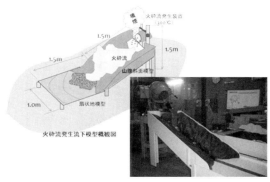

図6.3.1 火山泥流の実験模型の俯瞰図と作成した実物教材

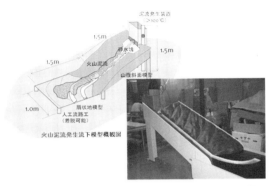

図 6.3.2　火砕流の実験模型の俯瞰図と作成した実物教材

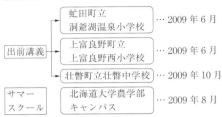

図 6.4.1　学校の教職員などを対象とした研修プログラムの開発・実施

いずれも 300℃の熱に耐える樹脂を使用して作成した.

模型教材の詳細およびそれを用いた実験項目などについては，5.2 節の火山泥流・火砕流の模型教材の開発を参照いただきたい.

6.4　学校教職員等を対象とした研修プログラム

・目標

小・中学校の教職員を対象とした，周火山現象と災害軽減の研修カリキュラムのフレーム作成を目標とする.

・方法

出前講義，サテライト研修，サマースクールの実施体制づくりと，モデル校である 3 校の若手教員を対象とした研修カリキュラムのフレームづくりを実施する．また，このプロジェクトが単発的なものに終わらず，世代を超えて継続的に指導者を養成できるようにサテライトの体制づくりを検討する.

・プログラム概要

個別テーマ②「学校の教職員等を対象とした研修プログラムの開発・実施」については，推進委員会において内容や時期を検討した（図 6.4.1）.

その結果，地元小・中学校の授業計画の一環として，平成 21 年（2009）6 月（虻田町立洞爺湖温泉小学校・上富良野町立上富良野西小学校），10 月（壮瞥町立壮瞥中学校）に出前講義として組み込んでもらった．また，サマースクールについては，同年 8 月の夏休み期間中に北海道大学農学部キャンパスで行った．研修カリキュラムのフレームづくりと継続的な指導者（大学院）養成の体制づくりについては，継続的に 21 年度に引き続き行った.

6.5　実践的な防災教育プログラムの開発・実施

防災教育プログラムのコンテンツ作成では，推進委での意見を取り入れ，当初，地域の（ⅰ）地域の自然の理解，（ⅱ）火山の仕組みの理解，（ⅲ）火山災害の理解，（ⅳ）避難警戒の理解という構成を予定していたが，「地域の自然」，「火山の仕組み」，「火山の恩恵」，「火山災害」，「火山防災」，「火山地域の自然修復」という 6 項目から構成することとなった（図 6.5.1）.

・目標

防災教育は，災害現象の再現・疑似体験により理解が深まるが，災害の再現・疑似体験は，小規模な教材で行うことは難しく，簡易な類似現象で代替することがある．しかし，類似現象による代替には限界があり，背景となる自然認識や物理メカニズムについての正しい理解をプログラムに取り入れることが必要である．そのため，（ⅰ）地域の自然の理解，（ⅱ）火山の仕組みの理解，（ⅲ）火山災害の理解，（ⅳ）避難警戒の理解という 4 段階をふまえた防災教育プログラムのコンテンツ作成を目標とする.

・方法

火山活動や火山噴出物に起因する周火山現象（火山の恩恵と災害）を理解するべく，前述の（ⅰ）～（ⅳ）の 4 段階を順次教育できるよう実践的な防災教育プログラムを開発する.

・成果概要

個別テーマ③「実践的な防災教育プログラム等の開発・実施」の中では，（ⅰ）～（ⅳ）の 4 段階をふまえた防災教育プログラムのコンテンツ作成と，実践的な防災教育プログラムの開発を行うこととした．また，実践的な防災教育プログラムの開発の一例として，平成 17 ～ 19 年度科学研究費補助金・基盤

6.6 サテライトを結ぶネットワーク構築

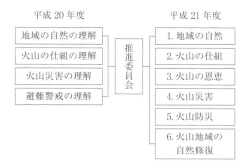

図 6.5.1 平成 20 年度と平成 21 年度のコンテンツ

図 6.5.2 実践的防災教育プログラムの開発事例（ニュージーランドアペフ火山における火山泥流）（The Horizons Regional Council Web-cam 提供）

図 6.5.3 実践的防災教育プログラムの開発事例（ニュージーランドアペフ火山泥流の鉄橋・道路の流出の瞬間）（G. Mackley 提供）

研究（B）（1）「ルアペフ火山の火口湖決壊・火砕流に伴う自然環境資源の大規模撹乱と修復に関する研究」の研究成果を示した．研究室では，写真や多くの火山関連の研究蓄積をもっているので，これを編集してプログラムに組み込んだ．図 6.5.2 はニュージーランド北島ルアペフ火山において世界ではじめて観測された火山泥流の模様である．また，図 6.5.3 は，同じく鉄橋を越流する火山泥流である．

6.6 サテライトを結ぶネットワーク構築

・目標

防災教育の継続を図るためのサテライトの構築にあたって，役割分担・維持管理方法・活用方法を検討し，継続的な火山防災教育の実施体制を整備することを目標とする．

・方法

サテライトを活用した火山防災ネットワーク構築のための基本的な構造を考案し，サテライトの受入れの体制づくりを進める．有珠山，十勝岳については，モデル校 3 校をサテライトとする．さらに，防災教育ネットワークを構築するために，火山災害の写真映像・記録や研究成果をわかりやすく解説した火山土砂災害データベース作成する．また，このシステムの活用と e-ラーニングなどへの拡張可能性について，現地サテライトと協議する．

・成果概要

前記の 3 校をサテライトとする，e-ラーニングによるデータや教材の配信方法について検討した．写真や映像および過去のデータアーカイブを作成するために，札幌管区気象台，国土交通省北海道開発局，北海道土木局砂防災害課の協力のもとに，過去の災害データについてこれらを調査，収集した．

第 2 年度において，おもに初年度に完成した実験教材を用いて，実際にサテライト校に出向き，出前講義やサテライト研究として，特別授業を行なった．壮瞥中学校には，理科担当教員がいるので，教員および北海道理科教育センターの専門家の協力のもとに，授業科目として取り組んだ．この，授業の内容検討のために初年度に完成した教材の組み込み方について検討した．また，コンテンツに基づく防災教育プログラムの作成を行った．さらに，全部で 6 章からなる防災教育プログラムを執筆し，インターネットで配信可能なように編集した．この作業は，大学院生を中心に行ったが，プログラムの作成と同時に大学院生への教育効果も兼ねている．これらをもとにして，火山土砂災害データベースシステムの構築を行い，ネットワーク運用しながら双方向（小中

学校⇔大学院生）教育プログラムを完成した.

(1) 火山防災教育ネットワーク（サテライト）での受入れの体制づくり（教育プログラムの実践）（図6.6.1）

・目的

火山防災教育ネットワークづくりのために，サテライトにおける火山防災教育の担当者が必要性を理解（教員・保護者を含む）することを目標とする.

・方法

①防災教育プログラムの実践による（ⅰ）地域の自然，（ⅱ）火山の仕組み，（ⅲ）火山災害，（ⅳ）警戒避難の理解を促進する.

②火山の専門家，学校教職員，防災関係機関，大学生などの協働プログラム実施による体制を構築する.

火山としての十勝岳の特徴と過去の災害を写真やCGなどを用いて解説した．また，現在の減災対策について述べ，防災教育と防災学習の必要性について意識啓発を行った．

講義のあとで，実際に現地へ行き，講義で聞いた対象泥流の痕跡を見学し，泥流の土層から取り出した土に触れた（図6.6.2）．

対象年齢に応じて，泥流の仕組みを教えるプログラムや砂防施設の効果を教えるプログラムを複数用意し，プログラムに応じて模型を変化させられるようにすると効果的である．（図6.6.3）．

さらに，現地で模型実験を行うことで，今自分がいる場所をイメージさせることができる．

・全体を通した効果

模型実験による授業ははじめての取組みであったが，現地十勝岳において屋外での模型実験を行った．

その結果，生徒（小・中学生）ならびに教員から次のような反応があった．

①なぜ雨が降ると泥流が発生するかをイメージすることができた（水と土砂の関係）．

②ただし，砂の固まりがそのまま崩れて流れてきたというイメージであり，徐々に河岸を削って成長するイメージは伝えられなかった．

③矩形水路では山地渓流のイメージがしづらかった．

④家屋の模型を置くことで災害がイメージできた．

⑤子供たちが自分で家を配置するなど参加することで興味を増すことができた．

また，現地における屋外での実験として，雲仙普賢岳での火砕流の写真を見せるとともに，火砕流の

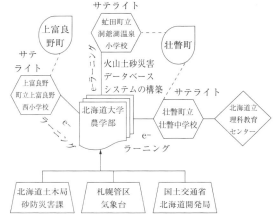

図6.6.1　サテライトを利用したe-ラーニングの構成

図6.6.2　泥流痕跡などの現地見学

図6.6.3　火山泥流の屋外実験

模型実験を行い，生徒（小・中学生）ならびに教員から次のような反応があった（図6.6.4）．

①火砕流の形状や動きなど，視覚的なイメージは伝えられた．

②火砕流が熱風を伴うことや灰をイメージできない．

③実際の山地斜面を流下する様子はイメージできなかった．

図 6.6.4　火砕流の野外実験

図 6.6.5　LAN を使った教材の送信（送信側）

④直接自分で手を動かすことで興味を増すことができた．

実験装置を使った授業についてまとめると，次のようなことがわかった．
①水路部分を山地模型にすると，現地の状況をイメージしやすかった．
②火山防災教育の下地づくりができた．
③事前の講義や座学と組み合わせて現地で体験することで，学習効果を高められた．

実施結果は，ニュースレターにして配布し，取組みを周知した．平成 21 年度は，これらの結果を生かしたサテライトの体制づくりを行った．

(2) データベースの構築と e-ラーニングへの拡張
①教育素材の開発とデータベース

DVD 映像（写真や動画）を使って火山の現象や仕組みを説明した（図 6.6.5，図 6.6.6）．

樽前山の噴火イメージを絵に描かせたところ，ほとんどの子が赤い溶岩が流れる様子を描いた．また，これらの取組みの発信として，子供たちの感想を載せた授業記録を学級通信として発行した．
②小・中学校の教員向けの情報発信とネットワーク構築

樽前山，有珠山の教育素材の開発に携わった教員を中心として，火山防災教育に関する情報共有を目的に研究会を設立した．また，それらの教員とメーリングリストをつくり，他の火山地域との情報共有も行った．さらに，これ以外にもホームページを作成し，誰もが手軽に試行授業記録や教育素材活事例などを入手できるようにするとともに，他地域の実施結果を共有することで，防災教育の促進を図った．教員研修でのヒアリングの結果，防災教育は特殊性が高いものととらえられていることがわかった．そ

図 6.6.6　LAN を使った教材の送信（受信側）

のため，研究会には，火山専門家なども入り，連携しながら人材育成を図った．

(3) まとめ

3 年度にわたる防災教育の実施から，データベースや e-ラーニングの構築に際しては，火山現象だけではなく，地域の自然環境，社会環境を含んだ総合的な防災教育のため，以下の 4 段階のプログラム構成が必要である．また，各サテライトにおいて共通プログラムを実施することでサテライト間のネットワーク体制構築を図る必要がある．プログラム構成は以下の通りである．
①教育素材の作成

地域ごとにその地域特性をふまえた防災教育素材を作成するとともに，その素材を活用するための研修プログラムを作成する．
②講座の実施

教育素材を活用して，火山について関心をもち，噴火とそれに伴う災害についての正しい理解を得るための座学を実施する．
③現地見学の実施

座学実施後に現地を実際に見学して，座学で得た知識を体感することで学習効果を高める．

④模型実験の実施

個々の現象の仕組みを理解するために,それぞれの目的に応じた室内や野外での模擬実験などを行い,減災への知識や意識の向上を行う.とくに小・中学生への教育効果を高めるためには,視覚や聴覚だけではなく,自らの手で作業する時間,すなわち触覚による学習が重要である.

樽前山での事例をふまえると,今後は各地域の情報を整理してデータベース化のためのプラットフォームを構築するとともにe-ラーニングなどへの拡張に向けて,教育プログラムの実践例を各サテライトへ提供することが必要である.とくに,教育現場の現状をみると,教育素材として活用できる映像資料が入手しづらい.土砂災害については,基礎資料が少なく,データベース化して共有する仕組みが必要である.すなわち,火山の仕組み,火山土砂災害を見せる資料のデータベース化である.また,地域の火山の特徴を学習するために,各サテライトで作成したそれぞれの教育素材を比較学習する仕組みが必要である.そのためには,各サテライト共通フォーマットによる動画の作成が必要である.そして,事例をできるだけ多く共有する仕組みをつくり,理科専門ではない教員でも防災教育に参加する取組みが必要である.これには,教育プログラムや実践例の共有が必要である.　　　　　[丸谷知己,山田　孝]

あとがき

　「生きるんだ」という強い意識，現場の状況を冷静に見極める能力，知識に基づいた的確な避難行動，これは今から30年以上前，防災教育という言葉さえ一般的ではなかった頃，長野県西部地震（1984）で発生した大規模な土石流から生還を果たした田中亮治氏と太目義弘氏へインタビューをした際に得られた教訓である．これこそが防災教育の目指す原点であろう．すなわち，生きるための力である．多くの人が，田中氏や太目氏のような意識と知識を身に付けることが重要なのである．

　本書は，5年ほど前から毎年開催している「土砂災害防災教育ワークショップ」における各専門家の現在までの活動集成である．そして，このワークショップのメンバーに共通していることは，自然現象の解明に留まることなく，どうしたら一人でも多くの人命を守れるかという視点に立つことを最重視して研究活動を行っていることである．

　各専門家のこれまでの地道な努力の甲斐もあり，近年，防災教育が土砂災害の分野においても，学校や地域社会で積極的に行われ始めた．2014年の広島市における土石流災害の被災地域では，地域住民自らがハザードマップ作りに真剣に取り組んでいる．2008年の岩手・宮城内陸地震で大きな土砂災害が発生した地域の小学校では，この災害を機に防災学習に取り組み，その成果が現れはじめている．今後も大切に継続させていきたいと思う．

　本書の執筆者は，大学，研究機関，官公庁，民間の土砂災害の専門家から，実際に土砂災害を経験した地域の自治会長まで多岐に渡る．そして，われわれもまだまだ試行錯誤の最中でもある．すでに防災教育に取組んでいる学校や地域社会，そしてこれから防災教育を進めて行こう，まずは行動してみようと考えている方々にとって，本書が少しでもヒントとなり役に立ち，防災教育の場がさらに拡大し，今後の土砂災害における被害軽減につながったら，この上ないことである．

　大切なことは「行動すること」である．

　本書を出版するにあたり，朝倉書店編集部には大変お世話になった．この場をお借りして深く御礼を申し上げる．

　最後に，本書をまとめるきっかけとなった，平成26年8月20日に発生した広島市北部の土石流災害で犠牲になられた方々のご冥福を心よりお祈り申し上げます．

　2016年　初春

今村隆正

編者・執筆者プロフィール

檜垣大助（ひがき だいすけ）
弘前大学農学生命科学部教授．専門は砂防学（とくに地すべり）．
日本各地やヒマラヤで斜面災害の発生原因やその対策について調査，研究を行う．山間地の地生態的な環境や地域の発展に資する持続可能な防災対策も探る．著書：Soil and water conservation – A focus on Siwalik Hills of Nepal Himalaya, SIRED．（2012 年，S.K. Ghimire と共著）
連絡先：dhigaki@hirosaki-u.ac.jp

山下祐一（やました ゆういち）
一山コンサルタント代表．博士（工学），技術士（建設・総監）．専門は防災工学，地盤工学，防災教育活動．
土砂災害が毎年発生する現状から，地域住民の防災力向上をめざして仲間と防災教育を始めて10年が経過した．継続こそが防災力の底上げにつながると考える．防災マップ作り支援も始めている．
連絡先：yuuichi.yamashita@gmail.com

緒績英章（おつづき ひであき）
NPO法人土砂災害防止広報センター理事・技術部部長．専門は鋼構造およびコンクリート，砂防工学．
伊豆大島溶岩流対策，雲仙普賢岳噴火時の応急・緊急対策や基本構想策定など災害対策にあたる．現在は小・中学校の防災教育のための副教材作成や災害教訓の伝承による地域防災力の向上に取組んでいる．著書：災害伝承：命を守る地域の知恵（2014年，古今書院，共著）．
連絡先：h.otsuzuki@sabopc.or.jp

山田　孝（やまだ たかし）
三重大学大学院生物資源学研究科教授．専門は砂防学．
建設省土木研究所，北海道大学大学院農学研究科などを経て，2008年4月より，三重大学勤務．噴火に伴って発生する火砕流や火山泥流の対策，土石流の発生プロセスの解明と発生予測手法，自助・共助を主体とした住民自衛手法などの調査研究を鋭意，実施している．
連絡先：t-yamada@bio.mie-u.ac.jp

井良沢道也（いらさわ みちや）
岩手大学農学部教授．専門は砂防学．おもにソフト対策による土砂災害の減災手法などに取り組んでいる．防災教育には継続性が重要である．時間が経っても防災意識の途切れることのない持続的な学びを，地域の住民と一緒に創っていきたい．
ホームページ：http://irasawa-sabo.com/
連絡先：irasawa@iwate-u.ac.jp

佐藤　創（さとう はじめ）
地方独立行政法人北海道立総合研究機構林業試験場森林環境部長．専門は森林防災．
林業試験場では天然林の更新技術，森林の保健休養機能など多方面の研究に従事．その後，樹木根系の表層崩壊防止機能，森林の津波被害軽減機能，河川流木の動態など森林と防災に関わる調査研究に携わっている．

編者・執筆者プロフィール

伊藤英之（いとう ひでゆき）
岩手県立大学総合政策学部教授．火山地質学・火山防災学を主な研究テーマとしているが，小中学校における防災教育やジオパークを通して地域の持続的な減災教育活動にも深く携わる．最近は湧水や高エネルギー地球科学の研究にも着手し，岩手山の総合的な減災研究にも力を入れる．著書：大学生のリスクマネジメント（2013年，ナカニシヤ出版，共著），火山爆発に迫る―噴火メカニズムの解明と火山災害の軽減―（2009年，東京大学出版会，共著）など．

今村隆正（いまむら たかまさ）
株式会社防災地理調査代表取締役．専門は歴史災害，防災．全国各地の，歴史時代に発生した大規模災害を調査研究し，学会などで研究発表をするに留めず，防災講演を通して広く一般へ伝える．モットー：「防災は災害を知ることから」著書：日本被害地震総覧599-2012（2013年，東京大学出版会，共著）．想定外を生まない防災科学（2015年，古今書院，分担執筆）．
連絡先：imamura@gpi-net.jp

鹿江宏明（かのえ ひろあき）
広島県公立中学校，広島大学附属東雲中学校，比治山大学現代文化学部准教授を経て，2014年より同大学教授．専門は理科教育，地学教育，防災教育．著書：中学校理科教科書「未来へひろがるサイエンス」（2015年，新興出版社啓林館，共著）．
連絡先：hkanoe@hijiyama-u.ac.jp

大井英臣（おおい ひでとみ）
専門：砂防．職歴：建設省，JICAを経て現在国際砂防協会理事．
この間フィリピン，スイス（国連UNDRO），ネパール，バルバドスに勤務し防災分野の途上国支援に従事．著書：大災害に立ち向かう世界と日本（2013年，JICA，共著），Disaster Risk Reduction for Economic Growth and Livelihood（2015年，JICA，共著）
連絡先：h-oi@waltz.plala.or.jp

吉井厚志（よしい あつし）
みずみどり空間研究所主宰．博士（農学）．専門は防災と環境保全．
2015年4月に国土交通省北海道開発局と土木研究所寒地土木研究所を退官し，ちっぽけな研究所を設立．安全で豊かな国土を保全するためには緩衝空間の確保とその活用が重要としつこく訴え続ける．著書：電子書籍「緑の手づくり」（2015年，中西出版，共著）．
連絡先：water.green441@gmail.com

大町利勝（おおまち としかつ）
専門：河川工学．職歴：建設省，国際建設技術協会，八千代エンジニアリング．
この間インドネシア，パナマ，タイ（国連ESCAP）に勤務し，防災・水資源開発分野の途上国支援に従事．論文：「渇水調整と水利権」，「パナマ運河と環境問題」，「渇水の実態と貯水池の合理的運用」など．
連絡先：omachi-t@m6.gyao.ne.jp

編者・執筆者プロフィール

上田　進（うえだ　すすむ）
専門：高圧電気保守管理．株式会社第一建築サービスに勤務し，公共，民間の大規模施設の電気設備保守管理に従事．神戸市都賀川の水害（2008年7月急激な増水により5人の小学生が水死）を契機に簡易警報装置を開発し地域の防災に役立てている．モットー：「防災のベースは自然現象に対する感性」
連絡先：sin@kisnet.ne.jp

太田英将（おおた　ひでまさ）
有限会社太田ジオリサーチ代表取締役．地質，土砂災害防止を専門とする建設コンサルタント技術者．1995年阪神・淡路大震災を契機に盛土造成地の地震時滑動崩落予測も行うようになった．個人からの宅地・斜面相談も多数手掛け，沈下・陥没など地盤問題に関する裁判の鑑定も行っている．著書：家族を守る斜面の知識（2009年，土木学会，共著）．
連絡先：ohta@ohta-geo.co.jp

原田照美（はらだ　てるみ）
広島市安佐南区自主防災会連合会顧問．広島市自主防災会連合会顧問．
広島市安佐南区沼田町伴地区の自主防災会の会長として，地域住民の避難経路や避難場所の見直し，「わがまち防災マップ」および「生活避難場所運営マニュアル」の作成など，地域の防災力の向上に尽力した．平成18年土砂災害防止功労者表彰を受賞．現在，防災考える会，ひろしま・会長．

丸谷知己（まるたに　ともみ）
北海道大学大学院農学研究院流域砂防学研究室・特任教授．突発災害防災減災共同プロジェクト拠点・拠点長，砂防学会・副会長．
流域スケールで土砂災害を予測するために，土砂流出速度（Sediment delivery ratio）を柱にして土砂流出プロセスを把握することを提唱した．著書：流域学事典（2006年，北海道大学出版会，共著），"Light and dark of Sabo-dammed streams in steep land settings in Japan," River Futures 220-236,（2008年，Island Press）．

瀧本浩一（たきもと　こういち）
山口大学大学院理工学研究科准教授．消防庁消防大学校客員教授．専門は防災教育．
地方自治体の職員や議員，住民，医療機関向けの講演・図上訓練の研修を年間約100件実施し，持続する地域防災の進め方，考え方を全国に普及している．著書：増補・改訂版 地域防災とまちづくり―みんなをその気にさせる災害図上訓練（2014年，イマジン出版，単著）他．

納谷　宏（なや　ひろし）
明治コンサルタント株式会社技術統括部計測技術開発センター所長．専門は斜面防災．
公益社団法人日本地すべり学会北海道支部企画委員会の活動として，防災教育の実践に取り組む．著書：斜面崩壊対策技術（2014年，株式会社エヌ・ティー・エス，共著），地すべり観測便覧（2012年，社団法人斜面防災対策技術協会，執筆幹事）．

編者・執筆者プロフィール

木下篤彦（きのした あつひこ）
国立研究開発法人土木研究所土砂管理研究グループ火山・土石流チーム主任研究員．専門は砂防学．
全国各地の表層崩壊・深層崩壊発生箇所での調査・観測を通じて，土砂災害危険箇所の抽出や災害発生を検知する技術の開発に取り組んでいる．また，最近では和歌山県を中心として過去の災害発生箇所の調査や災害経験者へのヒアリングを通じて，災害による被害を軽減するための技術・方法に関して研究している．

田中隆文（たなか たかふみ）
名古屋大学大学院生命農学研究科准教授．専門は砂防学・森林水文学．
「中日新聞のESD地球未来こども塾」アドバイザー（2013-2015），「愛知万博継承事業あいち海上の森大学」コーディネーター（2013-2015）．著書：環境問題はイメージでは解決しない。（2008年，星雲社，単著），「水を育む森」の混迷を解く（2014年，J-FIC，単著），想定外を生まない防災科学（2015年，古今書院，編著）．

中谷加奈（なかたに かな）
京都大学大学院農学研究科森林科学専攻山地保全学分野助教．専門は砂防学．博士（農学）．
GUIを実装した汎用土石流シミュレータの開発，土石流や砂防構造物を主な対象として現地調査，数値シミュレーション，水理実験を精力的に行い，より効果的で使いやすくわかりやすい防災対策システムの提案を目指す．
汎用土石流シミュレータKANAKO
公開ページ：http://www.stc.or.jp/10soft/003page.html

北山祐希（きたやま ゆうき）
現在は新城設楽農林水産事務所に勤務．2015年名古屋大学大学院生命農学研究科修了．
大学では，「楽しく防災を学ぼう」をモットーとした，防災知識を広める活動をするサークルに所属．防災を考えるきっかけ作りは大切だと思っている．

索　引

あ　行

安佐南区　67
安全神話　7

生きる力　10
e-ラーニング　141
磐井川砂防探検隊　24

堰堤モデル　51

大型模型水路　114

か　行

会話量　25
顔の見える関係　40
学習指導要領　10, 48
火砕流　4, 104
火砕流模型教材　106
火山活動による土砂災害　4
火山泥流　104
　　──の実験模型　139
火山泥流模型教材　105
火山防災教育　138
火山防災教育ネットワーク　104, 138
河床変動計算　125
学校における安全活動　11
月山マイスター講座　45
家庭防災の日　25
簡易雨量計　34
簡易土石流シミュレーション　41
簡易な降雨実験　37

危険箇所教育　29
危険箇所のとりまとめ　30
疑似体験　117
キッチン地球科学　102
キャンプ砂防　17
急傾斜地崩壊対策模型　118
教育基本法　10
教科書　10
供給ハイドログラフ　125

Google Earth による立体地形の観察　49
クロスロード　41

警戒避難　7
警戒避難対策　6
現地調査　30

降雨体験装置　117
格子型砂防堰堤の効果　116
小型模型水路　114
国連 ESD　130

さ　行

災害遺構　84
災害科学　131
災害時要援護者の避難シミュレーション　41
災害図上訓練 DIG　79
災害対策基本法　19
　　──などの一部改正の概要　20
　　──の一部改正の概要　19
災害対策に関する法制度　95
サテライトを活用した火山防災ネットワーク構築　141
砂防堰堤　5, 114
砂防計画作成キット　103
砂防工事　5
砂防事業の効果　114
砂防施設の効果　116
砂防フィールドミュージアム　122
砂防副読本　119
山地防災教室　111

ジオ・フェスティバル in Sapporo 2014　112
自主学習　26
地震による土砂災害　3
地すべり　43
地すべり親子学習会　44
地すべり水理模型教材　110
地すべり対策模型　118
自然災害　2
実験演習の課題と内容　36
GPS 機能付カメラ　29
集中豪雨　2
震災シミュレーションゲーム　127
森林表層土　38

ステークホルダー間の温度差　131

正常化の偏見　131
石礫型土石流　115
前兆現象　43

双方向コミュニケーション　135
ソフト対策　6, 13

た　行

地域の立体地図　41
地球温暖化　8
地区防災計画　20
地区防災計画ガイドライン　21
地区防災計画制度　20
地形断面図　49

定点撮影　66
DVD「土砂動態」　48
出前授業　121
天然ダム　4

土砂移動形態　115
土砂災害　2
土砂災害から命を守る防災教育　13
土砂災害危険箇所　2
土砂災害警戒区域（イエローゾーン）　6, 97
土砂災害対策ミニ模型　118
土砂災害特別警戒区域（レッドゾーン）　97
土砂災害と地形　48
土砂災害発生件数　3
土砂災害防止教育　7, 117
　　──支援ガイドライン（案）　13
　　──で教えたい内容　14
　　──に関わる内容　13
　　──の目標　13
土砂災害防止月間　18
土砂災害防止法　6
土石流　4
土石流シミュレーションの支配方程式　124
土石流シミュレーションモデル　123
土石流数値シミュレーション　123
土石流対策模型　118
土石流の匂い　120
土石流発生メカニズム　102

土石流模型実験装置　102, 117

な 行

長野県西部地震　67, 69
生の現場　34

日常と非日常の連関　131

念仏講まんじゅう　136

は 行

ハザードマップ　54
発達段階　13
ハード対策　13
汎用土石流シミュレーションシステム
　　KANAKO　124

非常（緊急）災害対策本部　19
氷河湖決壊洪水　8

フィールドゼミ　34
　――の課題と内容　35

防災イベント　127
　学園際における――　128
　こども園における――　129
　ボランティア団体における――　128
防災学習　121
防災学習会　24
防災教育教材　139
防災教育のプログラム　139
防災教育副読本　59
防災講演　64
　――の講師　65
防災パンフレット　65
防災文化　7
防災マップ　90
防災レポート　51
宝暦高田地震　100
飽和時の流動性を示す野外実験　38

ま 行

街角講演　65

メラピ型火砕流　108

模型教材　104
模型実験　34
文部科学省検定済教科書　10

や 行

融雪型火山泥流　4, 108

ら 行

離散化して分類　131
リスク・コミュニケーション　40
流域　34
流域模型教材　36
流木　116

わ 行

ワンデー　25

土砂災害と防災教育
―命を守る判断・行動・備え―

定価はカバーに表示

2016年2月15日　初版第1刷
2016年7月10日　　　第2刷

編者	檜　垣　大　助	
	緒　續　英　章	
	井　良　沢　道　也	
	今　村　隆　正	
	山　田　　　孝	
	丸　谷　知　己	
発行者	朝　倉　誠　造	
発行所	株式会社　朝倉書店	

東京都新宿区新小川町6-29
郵便番号　162-8707
電話　　03(3260)0141
FAX　　03(3260)0180
http://www.asakura.co.jp

〈検印省略〉

Ⓒ 2016〈無断複写・転載を禁ず〉　　　新日本印刷・渡辺製本

ISBN 978-4-254-26167-7　C 3051　　　Printed in Japan

JCOPY 〈(社)出版者著作権管理機構 委託出版物〉

本書の無断複写は著作権法上での例外を除き禁じられています．複写される場合は，そのつど事前に，(社)出版者著作権管理機構（電話 03-3513-6969，FAX 03-3513-6979，e-mail: info@jcopy.or.jp）の許諾を得てください．